Hinweis: Da Sportratgeber ein besonders hohes Maß an Übersichtlichkeit und Lesbarkeit beanspruchen, wurde beim Verfassen des vorliegenden Buches auf geschlechtsneutrale Formulierungen verzichtet. Sofern es aus dem Kontext nicht anders hervorgeht, sind stets Frauen sowie Männer gleichermaßen gemeint und angesprochen.

Clemens G. Arvay, Mariya Beer:
Das Biophilia-Training

Alle Rechte vorbehalten
© 2016 edition a, Wien
www.edition-a.at

Redaktion und Lektorat: Elena Höbarth
Cover und Gestaltung: Jaehee Lee
Fotograf: Michael Baumgartner

Gesetzt in der *Minion Pro*
Gedruckt in Europa

1  2  3  4  5  —  18  17  16  15

ISBN 978-3-99001-160-7

CLEMENS G. ARVAY
MARIYA BEER

# DAS BIOPHILIA TRAINING

## Fitnesscenter Wald

edition a

# Inhalt

| | |
|---|---:|
| Vorwort | 8 |
| Der Biophilia-Effekt | 14 |
| Biophilia für Harte | 22 |
| Sport mit Baum-Aroma | 30 |
| Die Natur als Mental-Trainerin | 34 |
| Eis und Schnee? Kein Problem! | 40 |
| Anti-Stress-Training mit Biophilia-Effekt | 44 |
| Biophilia – Die Macht des Unbewussten | 51 |
| Geben und Nehmen | 56 |
| Auf den Punkt gebracht | 62 |
| Einige Hinweise für das Biophilia-Training | 66 |

## Aufwärmen

| | |
|---|---:|
| Das Lauf-ABC | 72 |
| Ganzkörperatmung im Wald | 78 |
| Die Atmosphäre des Waldes einsammeln | 80 |
| Den Himmel auf den Schultern tragen | 83 |

## Mobilisieren

| | |
|---|---:|
| Halswirbelsäule lockern | 90 |
| Arme drehen aus dem Schultergelenk | 92 |
| Schultern kreisen | 93 |
| Ellenbogen kreisen | 94 |
| Handgelenke lockern | 95 |
| Die Brustwirbelsäule mobilisieren | 96 |
| Hüfte mobilisieren | 98 |
| Knie- und Sprunggelenke | 100 |

## Bein und Gesäß

| | |
|---|---|
| Kniebeuge | 106 |
| Kniebeuge mit einem Ast | 110 |
| Sumo-Kniebeuge | 112 |
| Ausfallschritt | 114 |
| Tree-Sit | 118 |
| Skater | 120 |

## Oberkörper und Rumpf

| | |
|---|---|
| Schräges Rudern | 124 |
| Klimmzüge | 128 |
| Unterarmstütze | 130 |
| Bergsteiger | 132 |
| Liegestütz | 134 |
| Trizeps | 138 |
| Handstand mit Beinstütze | 142 |
| Hängendes Knieheben | 144 |

## Ganzkörper

| | |
|---|---|
| Burpee | 149 |
| Standwaage | 154 |
| Einbeinstand | 156 |
| Step-Ups | 160 |
| Sprünge | 162 |
| Schulterbrücke | 164 |
| Statische Ganzkörperübung | 166 |

## Entspannen und Dehnen

| | |
|---|---|
| Strecken und Toe-Touch | 172 |
| Toe-Touch für Menschen mit Rückenproblemen | 174 |
| Dehnungsübungen (Halswirbelsäule, Brust, Oberrücken, Bizeps, Trizeps, Schulter, Brustwirbelsäule, Seitlicher Rücken, Hüfte) | 178 |
| Oberschenkel | 182 |
| Wade | 184 |
| Rückwärtige Kette | 186 |
| | |
| Quellenverzeichnis | 188 |

»Mein Körper muss in Bewegung sein, wenn es mein Geist sein soll.« [1]
Jean-Jacques Rousseau (1712-1778)

# Natur statt Fitness-Studio
## Vorwort von Clemens G. Arvay

Die professionelle Mountainbikerin und frühere Abfahrtsläuferin Tina Vindum aus den Vereinigten Staaten von Amerika erinnert sich noch deutlich an die Zeit, in der sich ihre Einstellung gegenüber dem Training radikal veränderte. Wie andere Spitzensportler hatte sie viele Jahre ihres Lebens in Fitness-Studios verbracht: »Mit der Zeit frustrierten mich diese Räume voll mit unbeweglichen Fahrrädern und Laufbändern, Kraftgeräten und fluoreszierendem Licht. Mein Körper und mein Geist fühlten sich in dieser monotonen, sauerstoffarmen Umgebung wie betäubt an. Durch die Gewöhnung meiner Muskeln an die sich ständig wiederholenden Übungen an Standardgeräten hatte ich ein Plateau erreicht, sodass ich meine Leistung nicht mehr steigern konnte.«

Vindum blickt in ihrem Buch »Outdoor Fitness« auf ein einschneidendes Erlebnis zurück, das ihr über das Tief hinweghalf: »Eines Tages ertappte ich mich dabei, wie ich während einer langweiligen Trainingseinheit aus dem Fenster auf die majestätischen Berge der Sierra Nevada starrte und mich eingesperrt und bedrückt fühlte. Draußen bedeckten die Blätter den Boden. Der Wind wehte scharf und kalt. Wie ein Kind, das im Klassenzimmer eingesperrt ist, sehnte ich mich nach dieser Freiheit vor dem Fenster.« Die Sportlerin gab ihrem Drang nach und lief im Slalom durch den Herbstwald, wobei sie der schwierige, unebene Waldboden anspornte. An Baumstämmen, starken Ästen sowie auf Felsen führte sie Kraftübungen aus. Seither, so berichtet Tina Vindum, seien Fitnessgeräte für sie Vergangenheit und ihre Leistung sei im Vergleich zum Indoor-Training enorm angestiegen.[2]

Vollziehen wir einen Ortswechsel von der Sierra Nevada in die österreichische Wachau. Mit dem Mount Whitney aus den Sierras, der es auf mehr als 4400 Meter Seehöhe bringt, können die Erhebungen der Wachau zwar nicht mithalten, aber es handelt sich dennoch um eine landschaftlich reizvolle Region entlang der Donau und sie stellt mein derzeitiges Zuhause dar. Hier gibt es ausgedehnte Waldgebiete, urtümliche Weingärten und die Wachauer Marille, eine schmackhafte Aprikose, die auf der ganzen Welt bekannt ist und in unserer Region an den sonnendurchfluteten Berghängen besonders süß wird.

Die Felsen der Wachau fallen steil zur Donau ab. Sie gehören zu den wichtigsten Fixpunkten meines Sportlebens, weil sie mich zu Höchstleistungen beim Geländelauf motivieren. Auf einem Laufband im Fitness-Studio oder im Sattel eines Hometrainers wird mir schon nach einer Viertelstunde langweilig. Laufen oder Radfahren, ohne dabei vom Fleck zu kommen, löscht jeden Funken Motivation in mir aus. Hingegen spornen mich die Felsen der Wachau zum Durchhalten an. Sie lassen die Zeit wie im Flug vergehen.

<<<

## Die größte Motivation, den Anstieg durchzuhalten, ist der Ausblick, der mich am Gipfel erwartet.

Die Landschaft ist vielfältig und birgt so viele Überraschungen, dass ich gar nicht auf die Idee komme, vorzeitig umzukehren. Was erwartet mich hinter der nächsten Wegbiegung? Wie sieht es hinter diesem Felsen aus? Und auf jenem Plateau bin ich noch nie gewesen, also nichts wie hin! Die Entdeckungslust in der Natur lässt mich bis an meine Grenzen gehen. Sport mit Naturkulisse kostet mich viel weniger Mühe als Sport im Fitness-Studio. »Meine« Berge in der Wachau bieten versteckte Pfade und unzählige mögliche Routen, sodass sie mich auch in vielen Jahren nicht langweilen werden. Es gibt immer etwas zu entdecken. Der Geländelauf führt mich durch karge, mediterran wirkende Wälder mit knorrigen alten Eichen und Kiefern, und über nackten Fels. Je nach Lust und Laune kann ich auf Wegen und Trampelpfaden bleiben oder zwischendurch an Felswänden emporklettern, um meine gesamte Körpermuskulatur zu aktivieren. Die größte Motivation, den Anstieg durchzuhalten, ist der Ausblick, der mich am Gipfel erwartet. Die Felsen belohnen mich dort mit dem sensationellen Panorama der Wachau.

Aus der Perspektive eines Vogels blicke ich auf die imposante Donau, die sich wie eine gigantische Schlange durch die Landschaft windet und im Laufe der Erdgeschichte an beiden Ufern sogar Sandstrände entstehen ließ. Diese gehören im Sommer zu meinem Outdoor-Fitness-Studio, denn das Schwimmen rundet mein Ganzkörpertraining ab und ist eine Wohltat für meine Rückenmuskulatur. Oft fahre ich am Radweg entlang der Donau bis zu den Felsen, dann ist es ein Triathlon mit Radfahren, Laufen und Schwimmen. Kein Fitness-Studio der Welt würde mich so sehr zu Sport motivieren, wie es die Natur mit ihren inspirierenden Landschaften vermag.

Biophilia-Training ist Abenteuer. Wenn die Zeit für einen Ausflug zu den Felsen nicht reicht, mache ich mich zum Waldlauf rund um meinen Wohnort auf. Nicht weit von dort liegt ein idyllischer Waldsee, der aus einem Altarm der Donau entstanden ist. An dem See befindet sich ein natürlich gewachsenes Trainingsgerät. Ein alter, durch das Wasser abgeschliffener und konservierter Baumstamm liegt dort im Uferbereich des Sees. Er erstreckt sich vom Waldrand etwa zehn Meter ins Wasser und eignet sich durch seine hohe Stabilität zum Balancieren und Klettern. Ich nutze ihn, um Klimmzüge zu machen. Ein paar Enten sind immer dabei und feuern mich durch ihr Schnattern an.[3] In den Wäldern rund um mein Haus entstanden die meisten Fotos aus diesem Buch. So wie damals, als Tina Vindum aus dem Fitness-Studio hinaus in die Wildnis der Sierra Nevada lief, war es auch bei uns gerade Herbst, als Mariya Beer, unser Fotograf Michael Baumgartner und ich zum Biophilia-Training in die Wälder der Wachau aufbrachen.

An diesem nebeligen Tag, an dem sich uns die Natur von ihrer wilden Seite zeigte, sollte ich noch viel Neues lernen. Wir befanden uns in einem mir sehr vertrauten Wald, durch den ich schon hunderte Male gelaufen und mit dem Rad gefahren war. Ich war überzeugt davon, die sportlichen Potenziale meiner Umgebung bereits zur Gänze zu kennen. Doch Mariya öffnete mir mit ihrem erfahrenen Blick als Fitness-Trainerin an diesem Tag die Augen für die vielen, von mir bislang ungenutzten Möglichkeiten des Waldes. Ein Baumstamm, der durch einen Sturm umgefallen war und zwischen zwei standfesten Bäumen eingeklemmt wurde, diente uns als »Gerät« für verschiedene Kraftübungen, für die Sie in diesem Buch die Anleitungen finden. Seltsam, zuvor war ich an diesem Baumstamm immer achtlos vorbeigelaufen. Seit unserem Fototermin ist er aber ein fixer Bestandteil meiner Waldläufe. In diesem Buch werden wir Sie an den Erkenntnissen teilhaben lassen, die wir während unserer Trainingseinheiten in der Natur gewonnen haben. Liegende Baumstämme eignen sich hervorragend für Kraftübungen, für Ausdauertraining und für Geschicklichkeitsübungen, die auch Freude bereiten. Herumliegende Äste und Teile von Stämmen sind nicht nur

Kennzeichen eines ökologisch intakten Waldes, sondern stehen für viele verschiedene Übungen zur Verfügung, mit denen wir unser Muskelkorsett so richtig in Gang setzen und unsere Haltung verbessern können.

Der Wald ist ein natürlicher Physiotherapeut. Seit ich meine Liegestütze auf Felsen mache, fühlen sie sich auf herkömmlichen Unterlagen nicht mehr »richtig« an. Einmal hatte ich mir vorgenommen, zum Biophilia-Training in den Wald zu laufen, als das Wetter unerwartet schlecht wurde. Ich war etwas krank und zunächst war ich unsicher, ob ich mich bei so unwirtlichem Wetter mit Halsschmerzen und Schnupfen auf den Sport im Wald einlassen sollte. Ich tat es.

Und siehe da: Ganz anders als befürchtet, wurde meine Verkühlung im Laufe des Tages nicht stärker, sondern es ging mir nach ein paar Stunden im Wald immer besser. Ich war beeindruckt von der Wirkung, welche die Waldluft auf mich ausübte. Nach getaner Arbeit fühlte ich mich deutlich besser als davor. Wie Sie später in diesem Buch noch ausführlich erfahren werden, enthält die Waldluft bioaktive Pflanzenstoffe, die nachweislich unser Immunsystem stärken und uns sogar vor Krebs schützen. Die Bäume im Wald unterstützen zahlreiche unserer Körperfunktionen und halten uns gesund. Der Wald ist aber nicht nur Arzt und Physiotherapeut, er ist auch Psychotherapeut. Wissenschaftler konnten nachweisen, dass Sport in der Natur sogar gegen psychische Störungen wirkt und unser Sozialleben verbessert. An die gesundheitsfördernde Wirkung der Natur kommt kein Fitness-Studio heran.

Wir werden in diesem Buch auch zeigen, dass Eis und Schnee kein Grund sind, auf das Biophilia-Training in der Natur zu verzichten. Sport im Wald ist zu jeder Jahreszeit auf komfortable Weise möglich und steigert von Jänner bis Dezember unsere sportlichen Leistungen sowie unsere Gesundheitskräfte.

Mariya Beer war bei der Arbeit an diesem Buch überwiegend für die Konzeption der Übungen verantwortlich und brachte sich mit ihrem fundierten Wissen über das Training in der Natur ein. Meine Beiträge als Biologe finden sich vor allem in den Abschnitten wieder, in denen es um die körperlichen und psychologischen Wirkungen der Pflanzen und Landschaften auf den menschlichen Organismus geht.

Das Biophilia-Training ist der Weg zur Traumfigur und zur sportlichen Höchstleistung mithilfe des Waldes. Ich wünsche Ihnen viel Freude mit diesem Buch.

*Clemens G. Arvay*
*Krems an der Donau, 31. Jänner 2016, unmittelbar nach einem winterlichen Waldlauf*

## Der Biophilia-Effekt
### Sport im Wald ist Sport »zuhause«

Wenn Ihnen der Aufenthalt in der Natur ein gutes Gefühl verschafft, dann ist es Ihre Biophilia, die Sie spüren. Das ist die Verbindung, das heilsame Band, zwischen Mensch und Natur, das sich im Laufe der Evolution in uns entwickelt hat. Das wusste schon Erich Fromm, der große deutsch-amerikanische Psychoanalytiker (1900 bis 1980).

Er sprach von den »biophilen Kräften« tief in der menschlichen Psyche, die sich nach den Lebens- und Wachstumsprozessen der Natur sehnen.[4] Fromm ging davon aus, dass uns die Biophilia gesund erhält und seelisch ausgleicht, sofern wir ihr durch Kontakt zur Natur Raum geben. In den frühen Achtzigerjahren, nach Erich Fromms Tod, übernahm der in Fachkreisen weltweit renommierte Professor Edward Wilson an der Harvard University den Begriff in die Evolutionsbiologie und setzte die »Biophilia-Hypothese« in die Welt. Diese besagt, dass die Liebe zur Natur genetisch in uns angelegt ist. Als die Spitzensportlerin Tina Vindum aus dem Fenster des Fitness-Studios blickte und ihrem Drang nach draußen nicht mehr widerstehen konnte, war es die Biophilia, von der sie angetrieben wurde. In Vindums öffentlichem Lebenslauf erfahren wir, dass sie in den »atemberaubenden Bergen der Sierra Nevada« aufwuchs. »Es ist kein Wunder«, heißt es weiter, »dass sie eine solche Leidenschaft für Outdoor-Sport entwickelte.«[5]

Aus zahlreichen wissenschaftlichen Studien wissen wir, dass die Biophilia aber in fast allen Menschen wirkt und nicht nur in jenen, die im Grünen aufgewachsen sind oder, so wie Tina Vindum, sogar in einem Naturschutzgebiet. Nur sehr wenige von uns behaupten über sich selbst, keine Begeisterung für die Natur zu empfinden. Das Phänomen »Biophobia«, also das Gegenteil der Biophilia und somit die Ablehnung von Naturkontakt, taucht in umweltpsychologischen Umfragen nur selten auf. Obwohl unser gesellschaftliches Verhalten alles andere als naturfreundlich ist, bezeichnet sich fast niemand als »Naturhasser«. Ein prominenter Biophobiker ist der US-amerikanische Schauspieler, Filmemacher und Komödiant Woody Allen. Nach eigenen Angaben meidet er jeglichen körperlichen und sozialen Kontakt zu Tieren und Pflanzen und würde auch nie in einem natürlichen See schwimmen, »weil dort lebende Dinge drin sind«. Woody Allen bezeichnete New York City als das für ihn genau richtige Maß an Natur. Mehr Wildnis wolle er nicht.[6]

Auch wenn immer wieder über Menschen berichtet wird, für die von den Pflanzen und Tieren, den Flüssen und Seen, den Bergen und Wäldern nichts Reizvolles ausgehen soll, sind wir (die Autoren dieses Buches) in der Realität noch nie einem Menschen begegnet, der so wie Woody Allen über sich gesagt hätte, die Natur ließe ihn völlig kalt und er meide jeden Kontakt zu ihr. Unsere Erfahrungen aus Gesprächen mit Menschen lehrten uns vielmehr, dass die Natur für fast jeden von uns mit positiven Gefühlen verbunden ist, ganz egal, ob wir gebildet oder weniger gebildet sind, alt oder jung, reich oder arm. Uns ist noch kein bekennender Biophobiker begegnet – schon gar nicht unter Sportlern.

Professor Wilsons »Biophilia-Hypothese« dürfte also auf die meisten von uns zutreffen. Das Band zwischen Mensch und Natur ist uns in die Wiege gelegt. Ein Blick auf unsere Evolutionsgeschichte macht deutlich, dass es eher verwunderlich wäre, wenn das nicht so wäre. Zehntausende, ja sogar hunderttausende Jahre lang lebten unserer Vorfahren in Wäldern und in der afrikanischen Savanne. In der Savanne vollzog sich sogar der Übergang vom *Homo erectus* zum *Homo sapiens*. Die Natur,

aus der wir entstammen, hat unmittelbar mit unserer Identität als Menschen zu tun. Wissenschaftliche Untersuchungen haben ergeben, dass wir modernen Menschen noch immer eine unbewusste Vorliebe für Savannenbäume haben. Diese Baumformen gefallen uns am besten, wenn wir Bäume spontan nach ihrem Aussehen und nach ihrer Wirkung auf uns beurteilen. Unsere intuitive Verbindung mit den Savannenbäumen haben Wissenschaftler an Menschen überall auf der Erde festgestellt, ganz egal, ob diese in einer Großstadt oder am Land aufgewachsen waren. Die Umwelt unserer Vorfahren ist etwas Vertrautes für den *Homo sapiens*. Unsere Biophilia ist ein Ergebnis der Evolution. Für die Qualitäten der Natur als Physiotherapeutin ist vor allem unsere körperliche Verbindung zum natürlichen Erdboden ausschlaggebend.

Über Äonen hinweg haben sich die Anatomie und die Funktionsweise des menschlichen Körpers an seine natürliche Umwelt angepasst, so wie das auch bei den Tieren, Pflanzen, Pilzen und Mikroorganismen der Fall war und ist. So wie jede andere Spezies passen wir einfach am Besten zu der Umwelt, auf die wir uns im Laufe der Menschheitsentwicklung spezialisiert haben. Es liegt auf der Hand, dass es sich dabei nicht um Asphalt und Beton handelt. Viele Menschen bekommen beim Joggen Knieprobleme sowie Probleme an den Hüften und der Wirbelsäule, wenn Sie auf hartem Untergrund laufen. Beim Lauf durch einen Stadtpark haben wir vielleicht das Gefühl, in der Natur zu sein, weil wir von grünen Bäumen umgeben sind, doch im Park bewegen wir uns, wie auf der Straße, auf harten Asphaltflächen. Die Erschütterungen und Stöße führen zu Abnützungen an den Gelenken und der Wirbelsäule. Sie können dadurch sogar chronische Entzündungen auslösen. Unser

Bewegungsapparat ist für die moderne Lebenswelt einfach nicht gemacht, da nutzen auch »Stoßdämpfer« an den Schuhen nichts.

<<<

**Unser Körper passt in die Landschaft wie ein Puzzlestein in den anderen, weil er durch sie geformt und gestaltet wurde.**

Joggen auf natürlichem Untergrund ist hingegen eine gesunde Form des Sports, wie jeder Sportler aus Erfahrung nachvollziehen kann. Der weiche Waldboden und die grünen Wiesen geben unserem Gewicht nach und versetzen uns keine schädlichen »Schläge« von unten.

Unsere Füße müssen durch feinste Muskelgruppen in den Sohlen, die wir beim Gehen auf plattem Asphalt kaum benötigen, ständig die Unebenheiten des Bodens ausgleichen. Dadurch werden unsere Fußsohlen gestärkt und in Form gebracht. Diese Wirkung setzt sich durch den ganzen Körper bis in die Schultern und in den Nacken fort: Das ständige Balancehalten und der ununterbrochene Ausgleich der Unregelmäßigkeiten des Geländes trainiert unser gesamtes Muskelkorsett auf vollkommen natürliche Weise und ohne dass wir monotone Bewegungen mit schweren Gewichten durchführen müssen, die ebenfalls Schäden an den Gelenken verursachen würden.

Unser Körper passt in die natürliche Landschaft wie ein Puzzlestein in den anderen, weil er durch sie geformt und gestaltet wurde. Auch Liegestütze und Kraftübungen auf Felsen sind besonders effektiv, weil wir die leichten Unebenheiten des Felsens mit dem gesamten Körper ausgleichen und insgesamt mehr Körperspannung halten müssen. Dazu brauchen wir zwar einen ebenen Untergrund, dieser wird jedoch in der

Natur nie so platt wie eine Trainingsmatte sein. Kraftübungen an Felsen und Baumstämmen bauen sogar die feinen Muskelgruppen in unseren Handflächen auf, weil wir mehr »Griff« brauchen und unsere Finger in das ganzkörperliche Sporterlebnis integrieren müssen. Öffnen wir erst unsere Augen dafür, so finden wir im Wald und auf Wiesen überall natürlich gewachsene »Fitnessgeräte«, die unserem Körperbau sehr entgegenkommen. So eignen sich Baumstämme und Totholz auch zum Balancieren sowie für Sprünge, mit denen wir nicht nur die Kraft in unseren Beinen sondern auch unsere Geschicklichkeit und Wendigkeit trainieren. So wie Tina Vindum können wir schließlich den Wald als einen einzigen großen Slalom- und Hindernisparcours betrachten.

<<<

## Die Mitgliedschaft in der Natur resultiert aus unserer Evolution und nicht aus teuren Mitgliedsbeiträgen.

Vergessen wir nicht, dass der *Homo sapiens* mehr als hunderttausend Generationen lang als Jäger und Sammler lebte und seit etwa zehntausend Jahren als Ackerbauer. Unser Organismus ist von Natur aus darauf ausgerichtet, jeden Tag körperliche Höchstleistungen zu erbringen, um zu überleben. Typisch menschliche Betätigungen sind das Laufen und Klettern, das Tragen und Schleppen sowie das Stämmen von Objekten. Alle diese Urbewegungen lassen sich vorzüglich ins Biophilia-Training integrieren, weil wir beim Sport im Wald alles vorfinden, was wir dazu benötigen. Die Übungen in diesem Buch geben konkrete Anleitungen dazu. Das Biophilia-Training ist obendrein im Gegensatz zu Fitness-Studios völlig kostenlos. Die Mitgliedschaft in der Natur resultiert aus unserer Evolution und nicht aus teuren Mitgliedsbeiträgen. Unsere genetische Grundausstattung ist noch immer dieselbe wie in der Steinzeit.

Weil das tägliche Leben in den Industriegesellschaften aber ganz und gar nicht mehr der Natur des *Homo sapiens* entspricht – und übrigens auch nicht die Laufbänder und Geräte beim Indoor-Sport – werden viele Menschen krank. Wir bewegen uns zu wenig, kommen zu selten an die frische Luft und verbringen kaum mehr Zeit in unserem natürlichen, zu uns passenden Lebensraum. Selbst das Treppensteigen wird uns mehr und mehr abgenommen, weil überall Aufzüge und Rolltreppen errichtet werden. Hinzu kommen die zahlreichen Umweltgifte und schädlichen Einflüsse aus Industrie und Straßenverkehr.

Im Laufe dieses Buches werden wir sehen, dass wir im modernen Alltagsleben auch von wichtigen Natursubstanzen getrennt sind, die wir eigentlich bräuchten, um gesund zu bleiben. Zivilisationskrankheiten wie Diabetes, Herz- und Kreislaufbeschwerden, Bluthochdruck, Krebs, Verdauungsbeschwerden, Übergewicht, die koronare Herzkrankheit sowie Depressionen nehmen in einem nie dagewesenen Maß zu. All die negativen Einflüsse, die uns im industriell geprägten Alltag krank machen, können wir durch Sport in der Natur ausgleichen. Das Biophilia-Training basiert auf grundlegenden und völlig einleuchtenden Erkenntnissen der menschlichen Evolution. Sport in der Natur ist Sport »zuhause«. Diese Zusammenhänge wollen wir uns im Detail ansehen.

## Biophilia für Harte
### Wie die Natur uns anspornt

Es existieren zahlreiche Studien von Sport- und Gesundheitswissenschaftlern auf der ganzen Erde, die eindeutig belegen, dass die Natur uns Menschen in hohem Maße zum Sport motiviert.

Die Soziologin Anne Ellaway an der University of Glasgow stellte in mehreren Studien die sportlichen Aktivitäten von Menschen aus Wohngegenden mit Natur- und Grünflächen dem Sportverhalten von Bewohnern aus Gegenden ohne Grün gegenüber. Ihr Ergebnis: Statistisch betrachtet führen Naturflächen dazu, dass die Menschen in solchen Regionen mehr als dreimal so viel Sport betreiben als in »grauen« Wohngegenden. Das heißt, der Anblick von Bäumen und anderen Pflanzen weckt in uns den Antrieb für körperliche Bewegung.[8] Dieser Studie liegen Gesundheitsdaten aus ganz Europa zugrunde. Ellaway konnte in ihren Analysen auch zeigen, dass in grünen Gegenden vierzig Prozent weniger Menschen übergewichtig sind.

<<<

> Die Bewohner in der Nähe von Parks betreiben im Durchschnitt doppelt so viel Sport wie Stadtbewohner, die keine Parks in der Nähe haben.

Ross Brownson ist Professor für Gesundheitswissenschaften an der School of Medicine der Washington University in St. Louis. Er untersuchte den Einfluss von städtischen Parks auf das Sportleben der Amerikaner. Die Bewohner in der Nähe solcher Parks betreiben demnach im Durchschnitt immerhin doppelt so viel Sport wie Stadtbewohner aus anderen Vierteln, die keinen Park in ihrer Nähe haben.[9] Diese Studienergebnisse beziehen sich nicht nur auf Sport im Grünen, sondern generell auf die Häufigkeit des Trainings. Der Blick auf Naturflächen spornt also auch zum Besuch des Fitness-Studios an, aber nachvollziehbarer Weise vor allem zum Biophilia-Training unter freiem Himmel.

Dass der Anblick von Bäumen eine immense Wirkung auf unsere Psyche und unseren Organismus hat, wissen wir aus mehreren Studien. Zu medialer Bekanntheit schaffte es Roger Ulrich, ein Professor für Gesundheitswissenschaften, der an mehreren skandinavischen und US-amerikanischen Universitäten forscht. Schon Anfang der Achtzigerjahre veröffentliche er in dem weltbekannten Wissenschaftsjournal *Science* seine Experimente an Kliniken. Über viele Jahre hinweg konnte er nachweisen, dass der Blick auf einen Baum durch das Krankenhausfenster die Selbstheilungskräfte des Menschen fördert. Die Patienten mit Baumsicht konnten nach Gallenblasenoperationen von den Ärzten früher nach Hause geschickt werden als Patienten, die nur auf eine Hauswand sehen konnten. Der Baum förderte durch seine Anwesenheit die Wundheilung und führte sogar dazu, dass die Patienten deutlich weniger Schmerzmedikamente schlucken mussten sowie unter weniger postoperativen Komplikationen litten.

Der Anblick der Natur vor unseren Fenstern wirkt über die Psyche auf uns ein und weil Körper und Geist eine Einheit sind, hat dies auch positive Folgen für unser Immunsystem und die Selbstheilungskräfte. Schon kurze Blicke aus dem Fenster fördern unsere körperliche und geistige Regeneration sowie unsere Motivation und Kreativität bei der Arbeit. Das haben unter anderem die Professoren für Umweltpsychologie Rachel und Stephen Kaplan an der University of Michigan mehrfach bewiesen.[10] Rodney Matsuoka, ein Doktorand der beiden, stellte außerdem an mehr als hundert Schulen Untersuchungen zur Wirkung von Grün an. Er kam zu dem Ergebnis, dass Schulen mit Fensterblick auf Naturflächen bei herkömmlichen Leistungstests viel bessere Ergebnisse erzielen und sogar eine geringere Quote an Schulabbrechern aufweisen als Schulen ohne Grün vor den Fenstern. Von den begrünten Schulen gingen außerdem mehr zukünftige Akademiker ab.[11]

Offenbar vermittelt der Blick auf die Natur während der Schulzeit mehr Freude am Lernen und am Schulbesuch. Der Grünblick aus dem Fenster spornt uns also nicht nur zum Sport an, sondern stärkt generell unsere Motivation bei der Arbeit, in der Schule und in der Freizeit. Das Potenzial der Natur, uns zur körperlichen Bewegung zwischen Pflanzen zu verführen, liegt dabei ganz besonders auf der Hand.

<<<

## Der Anblick der Natur wirkt über die Psyche auf uns ein und weil Körper und Geist eine Einheit sind, hat dies positive Folgen für unser Immunsystem.

Beim Biophilia-Training tritt noch ein wichtiger Mechanismus hinzu, der auf Grünflächen in der Stadt weniger stark zu spüren ist. Wenn wir im Wald Sport betreiben oder uns auf einem Geländelauf in den Bergen befinden, dann spornt uns die Naturlandschaft ganz besonders an, durchzuhalten und weiterzukommen. Stellen Sie sich vor, Sie laufen einen Berg hinauf und sie wissen, dass sich da oben ein wunderschöner, eindrucksvoller See befindet. Während des gesamten Anstiegs haben Sie das Bild dieses Gewässers in ihrem Kopf und sind voller Vorfreude auf das Ankommen. Auf einem Trainingsgerät im Fitness-Studio gibt es keine solchen Destinationen, auf die Sie zusteuern. Das einzige Ziel, das auf dem Laufband oder dem Hometrainer auf Sie wartet, ist der Zeitpunkt, wenn die Uhr endlich an einem bestimmten Punkt angekommen ist oder das digitale Display ausreichend verbrannte Kalorien anzeigt.

Die Zielpunkte der Natur sind mit einer viel größeren Motivation verbunden als Ziffern auf Bildschirmen. Sie bewegen sich im Wald oder in den Bergen von der Stelle und erleben die Veränderung der Landschaft mit, ja, Sie tauchen regelrecht in die Natur rund um Sie ein. Heute können Sie einen neuen Weg ausprobieren, morgen einen spontanen Abstecher auf einen anderen Hügel vornehmen. Auch die wechselnden Naturstimmungen sind ein guter Grund, den Sport nach draußen zu verlegen. Laufen in den Sonnenuntergang, Radfahren durch geheimnisvolle Nebelschwaden, Klettern unter stahlblauem Himmel, Balancieren am Waldrand nach einem Regen – die Natur bietet uns Abwechslung und unzählige Möglichkeiten für Neues.

<<<

## Das Biophilia-Training ist eine ganzkörperliche und zum Teil unbewusste Form der Interaktion mit unseren natürlichen Lebensräumen.

Auch die Fahrt in die Natur ist mit mehr Vorfreude und Motivation verbunden als die Anfahrt ins Fitness-Studio, sofern Sie nicht, wie Woody Allen, ein Biophobiker sind. Dabei können sich vor allem Stadtbewohner die Motivation, die von der Natur ausgeht, zunutze machen. Schwingen Sie sich auf Ihr Fahrrad und radeln sie auf schnellstem Wege zum Grüngürtel oder ganz aus der Stadt hinaus. Die Vorfreude, die graue Stadt hinter sich zu lassen, wird Sie anspornen. Wenn Sie in einem Wald oder einem anderen Naturgebiet angekommen sind, wechseln Sie vom Radfahren aufs Joggen. Auf natürlichem Untergrund haben Sie ja keine Schäden für Ihre Gelenke mehr zu befürchten.

Nach dem Lauf schwingen Sie sich wieder auf Ihren »Drahtesel« und radeln Sie wieder nach Hause. Das hat gleich mehrere Vorteile, denn bei einem solchen Training integrieren Sie mehrere Sportarten. Die runden Bewegungen des Radfahrens wärmen Sie nicht nur auf, sondern bauen auch Muskelspannung in Ihrem Kniegelenk auf.

Wenn Sie dann vom Rad absteigen und zu laufen beginnen, ist Ihr Knie dadurch besser stabilisiert und vor Stößen geschützt. Es ist auch schon besser durchblutet. Die Verletzungsgefahr sinkt. Das Biophilia-Training ist eine ganzkörperliche und zum Teil unbewusste Form der Interaktion mit unseren natürlichen Lebensräumen. Dabei können wir zur Leistungssteigerung unsere eigenen evolutionären Mechanismen nutzen, die mit der Vergangenheit unserer Spezies zu tun haben.

Wir haben schon gesehen, dass unsere Vorfahren wichtige Entwicklungsschritte in der afrikanischen Savanne vollzogen haben. Daraus resultieren ganz bestimmte Vorlieben unseres Nervensystems, das seine Umwelt permanent scannt, um unsere Sicherheit zu gewährleisten. In unserem Schädel befindet sich an der Basis des Gehirns ein evolutionär sehr alter Teil unseres Zentralnervensystems, das auf der Erde auf eine Tradition von 500 Millionen Jahren zurückblickt. In der Geschichte der Lebewesen ist es so früh entstanden, dass es sogar die Reptilien und Amphibien besitzen. Diesen uralten Teil unseres Gehirns nennen Biologen daher »Reptiliengehirn«. Gemeinsam mit dem 250 Millionen

Jahre alten limbischen System entscheidet es, von uns völlig unbemerkt, ob wir uns gerade sicher fühlen können oder uns in angespannter Fluchtbereitschaft befinden. Neurobiologische Messungen an Menschen in Naturlandschaften haben ergeben, dass wir uns in lichten Baumbeständen und in Wäldern, in denen ausreichend Sonnenlicht durch die Baumkronen dringt, sicher fühlen und unser Organismus nicht Alarm schlägt. In düsteren Waldstücken hingegen, wo die Büsche und Bäume eng zueinander stehen und wenig Licht durch das Blätterdach kommt, schaltet uns das Reptiliengehirn in den Alarmmodus, weil es uns auf einen möglichen Angriff aus dem Dickicht vorbereitet. Es könnte nämlich plötzlich heißen: »Kämpfe oder flüchte!«

Solche unheimlichen Stellen in der Natur, die jeder Mensch aus eigener Erfahrung kennt, können wir beim Waldlauf ganz gezielt nutzen, um unsere Leistung zeitweise zu steigern. Wenn wir uns durchs Dickicht bewegen, aktiviert das Reptiliengehirn nämlich genau die Funktionen unserer Organe, die uns zur maximalen körperlichen Leistung und zum Durchhalten befähigen. Unsere Beine werden stark durchblutet und die Bronchien in der Lunge weiten sich, damit wir mehr Sauerstoff aufnehmen können. Die Nieren schütten Hormone wie Adrenalin, Noradrenalin und Cortisol aus, die vorübergehend wie ein körpereigenes Doping wirken und uns zu unseren persönlichen Höchstleistungen antreiben. Während dieser Reaktion steht uns auch mehr Blutzucker zur Verfügung, um länger durchhalten zu können.

Suchen Sie in Ihrem Trainingsgebiet gezielt nach solchen Waldstücken, die Ihnen ein bisschen »gruselig« vorkommen und laufen Sie hindurch, um kurzfristig mehr leisten zu können. Achten Sie aber darauf, nicht über Ihre Grenzen zu gehen. Wenn Sie Ihr Reptiliengehirn gelegentlich und nur temporär auf diese Weise herausfordern, kann Ihnen das nicht schaden. Laufen Sie aber danach wieder durch ein Waldstück, in dem Sie sich wohl fühlen und wo Ihre Sicht nicht mehr so stark eingeschränkt ist. Ihr Reptiliengehirn wird Ihre Körperfunktionen dann rasch wieder normalisieren und die natürlichen Dopingsubstanzen herunterfahren. Apropos »Biophilia für Harte«: Sie können gezielt Ausschau nach etwa kniehohen Dornengewächsen halten. Im Wald sind am Wegrand oft größere Flächen von wilden Brombeeren und anderen stacheligen Pflanzen bewachsen. Suchen Sie nach lockerem Bewuchs, denn eine dichte Dornendecke wäre für diese Übung nicht geeignet.

Laufen Sie durch dieses Dornengebüsch und heben Sie bei jedem Schritt sorgfältig das Bein an. Der Unterschenkel muss immer im rechten Winkel zum Boden gehalten werden und setzt mit dem Fuß senkrecht von oben kommend am Untergrund auf. Ebenso senkrecht heben Sie in wieder an, um sich an den Dornen nicht wehzutun. Geben Sie sich Mühe, den Oberschenkel fast bis zum Bauch hinauf zu heben und mit kräftigen, federnden Sprüngen über die Dornen hinweg zu springen. Setzen Sie Ihre Schritte immer zwischen die Pflanzen.

Sie werden sehen: Sie richten auf diese Weise keinen Schaden an der robusten Pflanzendecke an, trainieren aber dabei auf extrem effiziente Weise die Muskeln in Ihrem Oberschenkel, im Gesäß sowie die Bauchmuskulatur. Die achtsamen, stampfenden Bewegungen bei Lauf durch Dornengestrüpp haben diesen Effekt. Ihr Reptiliengehirn bündelt dabei alle Kräfte in Ihren Beinen, um die Energie für diese anstrengende Form des Laufens bereitzustellen. Die »Angst« vor den Dornen wird so zum

Ansporn, dieses Spezialtraining durchzuhalten. Hinzu kommt der feste Vorsatz, keinen Schaden zu verursachen, was ebenfalls zum Durchhalten motiviert. Falls Sie aus der Übung sind, warten Sie mit dieser Form des Trainings bitte, bis Sie sich ausreichend Kondition und Kraft antrainiert haben, damit weder Sie noch die Pflanzendecke dabei in Mitleidenschaft gezogen werden. Danach laufen Sie ganz normal weiter. Sie werden sehen: Schon nach ein paar solcher Trainingseinheiten werden Sie die Kraftzunahme in den genannten Körperregionen spüren.

Die »Dornen-Übung« bringt nicht nur Oberschenkel und Gesäß in Form, sondern stellt beim Bauchtraining eine ernstzunehmende Alternative zu den langweiligen Sit-ups dar, sofern Sie Ihre Oberschenkel bei jedem Schritt sorgfältig bis zum Bauch anheben. Ihre Knie sollten mindestens die Höhe des Bauchnabels erreichen. Dabei werden auch die seitlichen Bauchmuskeln trainiert. Kommen wir nun zu jenem Biophilia-Effekt, den Ihnen die Natur ganz ohne Anstrengung bei jeder einzelnen Trainingseinheit bietet.

# Sport mit Baum-Aroma
## Die Heilkräfte der Bäume

Die Waldluft ist ein Cocktail aus sekundären Pflanzenstoffen. Diese bioaktiven Substanzen strömen überall aus den Baumkronen und Baumstämmen. Die Blätter der Pflanzen geben sie ab und sie entstammen sogar dem Reich der Pilze. Auch der Boden ist eine Quelle für verschiedene gasförmige Substanzen, die in der Waldluft zu finden sind, denn die kleinen Bodenlebewesen und die unterirdischen Wurzeln bringen sie ebenfalls hervor. Die wichtigsten Stoffe der Waldluft sind die sogenannten Terpene. Das ist eine riesengroße chemische Gruppe, die wir überall im Pflanzenreich finden. Terpene dienen vor allem dem pflanzlichen Sozialleben, indem sie zum Beispiel als chemische Wörter fungieren. Pflanzen kommunizieren über Terpene miteinander und sie können damit sogar Insekten zur Hilfe rufen, wenn sie von Schädlingen angegriffen werden. Sie sind dazu in der Lage, anderen Pflanzen und ihren Helfern aus der Insektenwelt erstaunlich detailreich mitzuteilen, welche Art von Schädling gerade anrückt und wie groß diese Armee ist. Für all das benutzen die Pflanzen Terpene, von denen wir manche über die Nase als Duftstoffe wahrnehmen. Diese machen in Summe das Waldaroma aus, das uns beim Biophilia-Training begleitet.

<<<

**Der Aufenthalt im Wald führt dank der Terpene dazu, dass unser Immunsystem danach deutlich gestärkt ist.**

Seit einigen Jahren häufen sich die wissenschaftlichen Beweise dafür, dass die Terpene in der Waldluft eine enorm positive Wirkung auf unser Immunsystem haben. In Japan ist der Aufenthalt im Wald Teil der traditionellen Medizin. Shinrin Yoku, das Waldbaden, ist von den japanischen Gesundheitsbehörden anerkannt. Der in Fachkreisen derzeit bekannteste Waldmediziner der Erde kommt, wenig überraschend, ebenfalls aus Japan: Qing Li ist Medizinprofessor an der Nippon Medical School in Tokio. Dort fanden in den letzten Jahren zahlreiche Studien statt, aus denen die heilsame Wirkung der Wald-Terpene eindeutig hervorgeht. Der Aufenthalt im Wald führt dank der Terpene dazu, dass unser Immunsystem danach im Vergleich zu vorher deutlich gestärkt ist. Das zeigten Blutproben an Versuchsteilnehmern. Die natürlichen Killerzellen werden im Wald vermehrt produziert und ihre Aktivität wird gefördert. Diese Abwehrzellen haben die Aufgabe, Viren aus dem Körper zu entfernen und potenzielle Krebszellen zu bekämpfen, die zu einem Tumor werden könnten. Die Killerzellen sind ein wichtiger Teil unseres Immunsystems und halten unseren Organismus gesund.

Bereits ein einziger Tag oder ein ausgedehnter Spaziergang durch den Wald erhöht die Anzahl unserer natürlichen Killerzellen im Blut um durchschnittlich 40 Prozent im Vergleich zum Stadtleben. Diese Wirkung hält sieben Tage an. Nach Kurzurlauben von zwei Tagen in einem Waldgebiet stellten Waldmediziner bei Stadtmenschen sogar einen Anstieg der Killerzellen von mehr als 50 Prozent fest, wobei die Wirkung des Waldes dann 30 Tage lang anhält.[12] Qing Li empfiehlt daher, zwei Tage pro Monat in bewaldeten Gebieten zu verbringen, um den positiven Biophilia-Effekt des Waldes auf unser Immunsystem dauerhaft aufrecht zu erhalten. In separaten Untersuchungen isolierten Forscher die wichtigsten Terpene aus der Waldluft und verabreichten sie im Labor ihren Versuchspersonen.[13] Da auch dabei die Wirkungen auf das menschliche Immunsystem auftraten, steht fest, dass wirklich diese

Substanzen der Bäume für die beschriebenen Wirkungen des Waldes verantwortlich sind.[14] Zusätzlich zu den natürlichen Killerzellen fördern die Terpene der Bäume auch die Entstehung der drei wichtigsten Anti-Krebs-Proteine, mit denen unser Körper Tumorzellen und solche, die es noch werden könnten, vergiftet. Waldluft enthält also antikarzinogene Substanzen, die uns vor Krankheit schützen und die körpereigenen Mechanismen der Krebsbekämpfung stärken.

Wir wissen aus Studien auch, dass die Wald-Terpene körpereigene Herzschutzsubstanzen aktivieren.[15] Dazu gehört zum Beispiel ein Hormon aus der Nebennierenrinde, das als »DHEA«[16] bezeichnet wird. Es wirkt Herz-Kreislauf-Erkrankungen entgegen und schützt uns vor der koronaren Herzkrankheit, die in den Industrienationen die häufigste Ursache für Herzinfarkte darstellt. Natürlich kann Waldmedizin kein Ersatz für medizinische Behandlungen sein, sondern versteht sich als Ergänzung. Alle diese Gesundheitswirkungen des Waldes treten auch ohne Sport ein. Wir brauchen nur im Wald oder zwischen Bäumen auf Wiesen anwesend zu sein. Über die Haut und die Schleimhäute sowie beim Atmen über die Lunge treten die Terpene dabei in unseren Blutkreislauf über. Im Wald zu sein ist eine Art natürliche Aromatherapie.

<<<

**Waldluft enthält Substanzen, die vor Krankheit schützen und körpereigene Mechanismen der Krebsbekämpfung stärken.**

Durch Sport im Wald lässt sich die Aufnahme der Terpene noch fördern, da wir während des Biophilia-Trainings besonders viel davon in uns aufnehmen. Weil unser Organismus und unser Stoffwechsel durch die Bewegung angeregt sind, können wir die Substanzen des Waldes auch besser in die Blutbahn überführen und im Körper verteilen.

Hinzu kommt natürlich die reinigende Wirkung beim Sport in der Natur. Durch das tiefe Atmen stoßen wir verbrauchte Luft und Schadstoffe aus der Stadt aus und nehmen sauerstoffreiche, mit sekundären Pflanzenstoffen angereicherte Luft auf. Dabei zirkuliert die Waldluft mitsamt ihren Inhaltsstoffen durch unsere Atmungsorgane und verbindet uns auf diese Weise zu einer organischen Einheit mit dem Wald.

Wir nehmen beim Biophilia-Training besonders intensiv am Ökosystem Wald Anteil. Die gasförmigen Naturstoffe, die wir dort einatmen, befinden sich schon Sekunden oder Sekundenbruchteile später in unserer Blutbahn. Sich diesen Prozess während des Waldlaufes zu vergegenwärtigen, stellt gerade für naturverbundene Menschen ein starkes Erlebnis dar, das dazu geeignet ist, unsere Motivation für Bewegung im Grünen zu erhöhen. Je weiter wir uns dabei abseits von Straßen und Städten befinden, je tiefer wir uns in den Wald hineinbewegen, desto reiner wird die Luft und Schadstoffe nehmen ab.

Die gesunde Waldluft kann man förmlich riechen. Nicht nur das: Im Waldesinneren ist auch die Konzentration der Terpene am höchsten, weil diese dort durch das Kronendach und die Vegetation rundherum zurückgehalten werden. Die Baumkronen schützen sie außerdem davor, durch Sonnenstrahlen zerstört zu werden. Besonders viele Terpene befinden sich nach einem Regen und bei Nebel in der Waldluft. Begeben Sie sich also ruhig auch bei feuchtem Wetter in den Wald, um Sport zu betreiben. Ihr Immunsystem wird es Ihnen danken.

## Die Natur als Mental-Trainerin
### Mehr als bloß Sport im Wald

Der Psychologieprofessor Terry Hartig an der schwedischen Uppsala Universität wies gemeinsam mit der Umweltwissenschaftlerin Maria Bodin an der Universität von Göteburg an zahlreichen Testpersonen nach, dass Sportler nach einem Waldlauf bei psychologischen Tests besser abschneiden als nach einer Trainingseinheit auf einem Laufband, bei der sie dieselbe Menge Kalorien verbrauchen. Depressive Verstimmungen, Wutgefühle und allgemeine Bedrücktheit lassen sich beim Biophilia-Training signifikant senken.[17] Außerdem werden unsere geistigen Kräfte gestärkt. Das Biophilia-Training macht uns kreativer, fördert unser Konzentrationsvermögen und hilft uns im Umgang mit Problemen aller Art.

Schon gewöhnliche Spaziergänge im Grünen haben deutlich messbare psychologische Wirkungen auf uns. An der britischen University of Essex schickten Umweltpsychologen ihre Versuchsteilnehmer, die über Depressionen klagten, auf Spaziergänge in den Wald sowie in ein Einkaufszentrum. Davor und danach verglichen sie die Gruppen miteinander. Es überrascht Sie bestimmt nicht, dass die Waldspaziergänger deutlich besser abschnitten. Brisant ist aber die Tatsache, wie stark die Wirkung des Waldes war. Depressive Symptome gingen bei 92 Prozent der Teilnehmer aus der Waldgruppe zurück, während das Einkaufszentrum sogar dazu führte, dass sich 22 Prozent der Teilnehmer danach noch deprimierter als davor fühlten. Auch Wut, Erschöpfung sowie die Verwirrungszustände der Betroffenen gingen im Wald stark zurück.[18]

Wir sind uns bestimmt alle darüber bewusst, dass die Natur äußerst positive Wirkungen auf unsere Psyche ausübt. Wissenschaftliche Untersuchungen zeigen aber am laufenden Band, dass wir den psychotherapeutischen Nutzen der Pflanzen und Ökosysteme in der Regel deutlich unterschätzen. Laut Studienergebnissen der britischen University of Essex, die dort der Biologieprofessor Jules Pretty und die Sportwissenschaftlerin Jo Barton durchführten, wirken sich Spaziergänge und sportliche Aktivitäten im Grünen am stärksten auf unsere psychische Gesundheit aus, wenn wir uns entlang eines Gewässers bewegen. Das kann ein Bach oder ein Fluss sein, das Ufer eines Sees oder die Meeresküste. Die Kombination aus »Grün« und »Blau« hat das größte Potenzial zum mentalen Training in der Natur. Pretty und Barton konnten nachweisen, dass bereits fünf Minuten mit leichter Bewegung an einem Gewässer in der Natur signifikante Verbesserungen im psychischen Befinden des Menschen bewirken und sein Selbstwertgefühl anheben.

An der Studie der University of Essex nahmen 1300 Personen teil. Zusammengefasst lässt sich sagen, dass alle Altersgruppen und sozialen Gruppen mental schon von ein paar Minuten Bewegung im Grünen profieren und dass die positiven mentalen Wirkungen der Natur bei Menschen mit psychischen Störungen am stärksten sind. Professor Pretty und Jo Barton schlussfolgerten, dass der »grüne Sport« daher eine »leicht verfügbare Therapie ohne Nebenwirkungen« sei.[19]

Beim Biophilia-Training treten mehrere psychologische Wirkungsweisen des Mensch-Natur-Kontakts ein. Eine davon geht unmittelbar auf die biophilen Kräfte der menschlichen Psyche zurück, die nach der Nähe von Lebens- und Wachstumsprozessen strebt: Es ist die Naturfaszination, die uns mental stärkt. Schon William James, ein US-amerikanischer Philosoph und Mitbegründer der modernen Psychologie, wusste vor mehr als hundert Jahren, dass es zwei Formen der Aufmerksamkeit gibt. Im Alltag, bei der Arbeit oder beim Lernen benötigen wir vor allem die gerichtete Aufmerksamkeit, die wir aktiv aufrechterhalten müssen. Das kostet uns Energie und daher ist unsere Kapazität für gerichtete Aufmerksamkeit begrenzt. Demgegenüber gibt es eine Form der Aufmerksamkeit, die ganz ohne unser aktives Zutun abläuft. Es ist die Faszination. Wenn wir von etwas fasziniert sind, dann »fesselt« dieses Phänomen unsere Aufmerksamkeit, wie wir es umgangssprachlich ausdrücken. Das macht bereits deutlich, dass Faszination etwas ist, das mit uns geschieht und nicht mühsam von uns hervorgebracht werden muss. Psychologen bezeichnen die Faszination als »regenerative Aufmerksamkeit«, welche unsere mentalen Kräfte wiederherstellt, die wir dann bei der gerichteten Aufmerksamkeit im Alltag benötigen.

Die Natur ist voll von Pflanzen, Tieren, Formen und Abläufen, die uns faszinieren. Das sogenannte Flow-Erlebnis ist ein Zustand der totalen Aufmerksamkeit ohne Anstrengung, in dem der Betroffene sich sogar als eins mit der Tätigkeit oder mit der Erscheinung fühlt, die den Zustand in ihm ausgelöst hat. Von Flow-Erlebnissen wird oft im Zusammenhang mit Naturerfahrungen berichtet.

Die bereits genannten Umweltpsychologen Rachel und Stephen Kaplan teilten Versuchspersonen Fragebögen mit kniffligen Aufgaben aus, die nicht schwer zu lösen waren, die aber aufmerksames Lesen und Denken erforderten. Dann schickten sie die Teilnehmer zum Spaziergehen in die Natur und stellten ihnen erneut Aufgaben. Zunächst konnten sie nachweisen, dass gerichtete Aufmerksamkeit zur Ermüdung führt und impulsives Verhalten, Aufgeregtheit, Gereiztheit sowie Konzentrationsschwäche nach sich zieht. Spaziergänge durch die Natur stellten die Aufmerksamkeit wieder her und danach waren die Ergebnisse der Aufgaben deutlich besser. Stadtspaziergänge hingegen konnten das nicht bewirken. »Wenn man eine Umwelt findet, in der die Aufmerksamkeit automatisch funktioniert, kann sich die zielgerichtete Aufmerksamkeit ausruhen. Das bedeutet eine Umgebung, die starke Faszination ausübt«, schrieb Stephen Kaplan.[20] Das Psychologenehepaar befragte außerdem 1200 Büroangestellte.

Diejenigen, die durch ein Fenster Ausblick auf Natur- und Grünflächen hatten, gaben im Vergleich zu denen, die keinen solchen Ausblick hatten, deutlich seltener an, an Konzentrationsschwierigkeiten zu leiden oder frustriert von der Arbeit zu sein. Sie hatten im Durchschnitt mehr mentale Kräfte für ihre Arbeit zur Verfügung.[21]

<<<

## Wir nehmen in der Natur Abstand von sozialen Problemen. Das ist einer der wichtigsten Gründe, weshalb das Biophilia-Training unserer Psyche so gut tut.

Terry Hartig, den ich bereits zu Beginn dieses Kapitels erwähnt habe, belegte, dass Spaziergänge und Sport im Wald dazu führen, dass Menschen zum Beispiel beim Korrekturlesen von Texten mehr Fehler finden als nach entsprechender Bewegung in der Stadt oder nach dem Entspannen zuhause. Weitere Tests des Professors aus Schweden ergaben, dass Sport im Grünen unsere mentale Aufmerksamkeit deutlich mehr steigert als beispielsweise entspanntes Musikhören.[22]

An der University of Illinois erbrachten Forscher den Beweis, dass Spiele sowie Bewegung in der Natur sogar bei Kindern mit Aufmerksamkeitsdefizit (kurz: ADHS) die Konzentrationsfähigkeit stärken und ihnen ganz ohne Medikamente zu mehr innerlicher Ausgeglichenheit verhelfen. Nervosität und Unruhe gehen in der Natur zurück.[23]

Abgesehen von der Naturfaszination ist das Biophilia-Training noch aus einem zweiten Grund ein effizientes Mentaltraining. Beim Waldlauf oder beim Radfahren im Grünen können wir uns aus der Zivilisation entfernen. Wir können Abstand vom hektischen Alltag unserer Gesellschaft nehmen. Das geht im Fitness-Studio nicht. Dort sind wir auf relativ kleinem Raum von vielen Menschen umgeben und noch dazu in Räume »eingesperrt«. Auf den Fitnessgeräten können wir laufen und in die Pedale treten, so viel wir wollen – wir kommen nicht vom Fleck. Ganz anders verhält es sich beim Sport in der Natur, bei dem wir uns mit jedem Schritt weiter aus dem Alltag entfernen und in die Landschaft der Natur eintauchen, in der die Regeln unserer Gesellschaft nicht gelten. Umweltpsychologen sprechen vom »Being-away«. Das bedeutet, beim Biophilia-Training sind wir weg von unserer Gesellschaft, weg von unserem Arbeitsplatz, weg von den oft krankmachenden Einflüssen der Industrie, weg vom schulischen Stress.

Wir nehmen in der Natur Abstand von sozialen Problemen. Das ist einer der wichtigsten Gründe, weshalb das Biophilia-Training unserer Psyche so gut tut. Die Pflanzen, die Tiere, die Berge und Flüsse verurteilen uns auch nicht, und zwar weder nach unserer Leistung noch nach unserem Aussehen.[24] Faszination und »Weg-sein« sind die Mechanismen, durch die Sport in der Natur unsere mentalen Kräfte fördert. Wir wissen aus sozialwissenschaftlichen Studien, dass dabei in unseren Köpfen auch neue Problemlösungsstrategien entstehen und dass die

Natur uns zu neuen Gedankengängen inspiriert, die gerade in Krisenzeiten nötig sind, um Auswege zu finden. Hinzu kommt, dass der Sport selbst eine kontemplative, manchmal fast meditative Tätigkeit ist, die uns beim Abstandnehmen hilft und unsere Gedanken ordnet.

Jüngste wissenschaftliche Ergebnisse haben gezeigt, dass wir beim Sport in der Natur sogar mit Mikroorganismen in Kontakt kommen, die unsere mentalen Kräfte stärken. *Mycobacterium vaccae*, wie Biologen es nennen, entstammt der Erde. In der Natur atmen wir dieses Bakterium und seine Stoffwechselprodukte ein. Das dürfte uns schlauer machen, vermuten die beiden Biologieprofessorinnen Susan Jenks und Dorothy Matthews am Sage College in Albany, der Hauptstadt des US-Bundesstaates New York. Zumindest an Mäusen konnten sie bereits nachweisen, dass Tiere, die mit diesem Keim in Kontakt kommen, bessere Lern- und Gedächtnisleistungen aufweisen als Vergleichstiere.[25]

Seit längerem ist bekannt, dass der Kontakt mit *Mycobacterium vaccae* zu einer Erhöhung des Serotoninspiegels führt und dadurch gegen Depressionen wirksam ist und unsere Stimmung hebt. Das konnte unter anderem der Verhaltensbiologe Christopher Lowry an der University of Colorado in Boulder nachweisen.[26] Das Reich der Natur ist so komplex, dass wir gerade erst beginnen, die unzähligen positiven Einflüsse auf unsere Psyche und unsere Gesundheit zu verstehen. Wer hätte noch vor ein paar Jahren gedacht, dass sich sogar ein Bakterium aus der Erde als Mentaltrainer entpuppen würde? Beim Biophilia-Training wirken alle diese mentalen Stärkungen aus der Natur auf uns ein und helfen uns nicht nur, beim Sport bessere Leistungen zu erbringen, sondern sie tragen auch zu unserer Psychohygiene bei.

## Eis und Schnee? Kein Problem!
### Biophilia-Training zu jeder Jahreszeit

Das Biophilia-Training ist das ganze Jahr über empfehlenswert und auch im Winter mit nur wenigen Einschränkungen verbunden. Das Schwimmen im Natursee fällt mitten im Jänner zwar aus, dafür kommen aber neue Möglichkeiten hinzu. Mit der richtigen Ausrüstung sind auch der Geländelauf und das Mountainbiking auf Schnee und Eis möglich und stellen noch dazu einen großen Naturgenuss dar. Die Gefahr, sich beim winterlichen Biophilia-Training zu verkühlen, ist nicht größer als im Sommer, sofern wir uns an ein paar Grundregeln halten.

Den Wetterbedingungen der kalten Jahreszeit zu trotzen, ist mit einem erhebenden Gefühl der Autonomie und Selbstbestimmung verbunden. Beim Sport im Schnee erfahren wir, dass wir unabhängig von äußeren Einflüssen sind und dass nicht die Witterung entscheidet, wann Biophilia-Training stattfindet und wann nicht, sondern wir selbst.

Die meisten Menschen absolvieren abgesehen vom Schisport im Winter kein Training im Freien und ziehen sich ins Fitness-Studio zurück. Selbst unter aktiven Sportlern herrscht der Irrglaube, Outdoor-Training sei im Winter mit Unannehmlichkeiten verbunden. Trotzen Sie nicht nur den Wetterbedingungen, sondern auch diesen falschen Glaubenssätzen! Für Biophilia-Einsteiger ist es sehr empfehlenswert, das Biophilia-Training im Frühjahr oder Sommer zu beginnen. Steigern Sie allmählich Ihre Ausdauer und Kraft beim Natursport. Wenn dann der Herbst kommt, bleiben Sie am Ball. Ihre Bronchien und Lungenflügel gewöhnen sich schrittweise an die immer kälter werdende Luft.

Bei einer solchen allmählichen Gewöhnung bleiben unangenehme Begleiterscheinungen wie Schmerzen im Kehlkopf oder in der Brust, die durch das intensive Einatmen sehr kalter Luft verursacht werden könnten, in der Regel aus. Spätestens wenn es richtig winterlich wird und der Frost Einzug ins Land nimmt, brauchen Sie unbedingt eine Gesichtsschutzmaske aus Neopren oder Windstopper-Fleece. Besorgen Sie sich eine Maske, die Ihren Mund und Ihre Nase abdeckt und sich durch einen Klettverschluss am Hinterkopf leicht öffnen und schließen lässt.

Achten Sie darauf, dass die Maske rund um Ihre Nasenlöcher und Ihren Mund kleine Atemöffnungen hat, über welche die feuchte Luft beim Ausatmen entweichen kann, ohne dass dabei das Material feucht wird. Das ist wichtig, da eine feuchte Maske bei Minustemperaturen die Kälte anzieht und an Ihr Gesicht abgibt.

Atmen Sie beim Sport durch den Mund aus und durch die Nase ein. Beim Ausatmen wärmen Sie das Material auf, das diese Wärmeenergie gerade so lang speichert, dass die Luft beim nächsten Atemzug vorgewärmt in Ihre Atemwege eintritt. Dieses System funktioniert so gut, dass Sie selbst bei Temperaturen weit unter null keine kalte Luft einatmen, die Sie schwächen und krank machen könnte. Eine gute Neoprenmaske gehört zur Grundausstattung beim Biophilia-Training im Winter.

<<<

**Den Wetterbedingungen der kalten Jahreszeit zu trotzen ist mit einem erhebenden Gefühl der Autonomie und Selbstbestimmung verbunden.**

Ebenso wichtig ist eine eng anliegende Sporthaube aus einem Material, das den Wind stoppt. Solche Kopfbedeckungen halten die kalte Luft von Ihrer Kopfhaut fern, sodass Sie dort nicht auskühlen können. Bei schlechter Ausrüstung bestünde darin die größte Gefahr, das Immunsystem zu schwächen. Das Biophilia-Training soll aber – auch im Winter – unsere Abwehrkräfte stärken und nicht einschränken. Ihre Kopfbedeckung soll nicht nur winddicht sein, sondern auch atmungsaktiv. Sie muss die bei der Transpiration der Kopfhaut entstehende Feuchtigkeit nach außen entlassen, während sie die Körperwärme zurückhält.

Im gut sortierten Sportfachhandel ist es kein Problem, eine solche Haube zu finden. Dasselbe Prinzip wie für die Haube gilt im Winter auch für die Trainingsbekleidung: Das Unterhemd mit langen Ärmeln muss eng anliegen und Feuchtigkeit schnell nach außen abgeben, während es die Körperwärme hält. Idealerweise befinden sich im Bereich der Nieren speziell eingearbeitete Materialien, die dort zusätzlich für Wärme sorgen. Solche Funktionsunterwäsche kann teuer sein, aber diese Investition lohnt sich. Darüber benötigen Sie eine Windstopper-Jacke, die vollkommen winddicht und für die kalte Jahreszeit geeignet ist. Auch hier gilt: Das Material muss die Feuchtigkeit schnell nach außen leiten und die Wärme am Körper fixieren.

Diese Jacken sind wie eine zweite Haut. Sie wärmen sich schon nach wenigen Minuten des Trainings durch die Energie des Körpers auf und schützen diesen vor dem Auskühlen. An besonders kalten Tagen können Sie zwischen Jacke und Unterwäsche noch eine dritte atmungsaktive Schicht hinzufügen. Dasselbe Prinzip gilt für die Hose, wobei sich Langlaufhosen für das Biophilia-Training in Eis und Schnee hervorragend eignen, sowohl beim Geländelauf als auch auf dem Fahrrad.

Wenn die Temperaturen sehr weit unter den Nullpunkt klettern, empfiehlt sich eine funktionale lange Unterhose. So ausgestattet ist es ein Hochgenuss, durch die winterliche Natur zu laufen oder zu radeln, da die Kälte Ihnen nichts mehr anhaben kann. Das ganze Jahr über und besonders im Winter ist gutes Schuhwerk für das Biophilia-Training von zentraler Bedeutung. Für den Waldlauf sowie für die Kombination aus Radfahren und Joggen in der Natur eignen sich Geländelaufschuhe.

Diese bieten einen besseren Halt und eine griffigere Sohle als herkömmliche Joggingschuhe. Sparen Sie nicht bei den Schuhen. Greifen Sie unbedingt zu einem Fabrikat mit verlässlicher, wasserdichter Membran. So können Sie auch durch Matsch, nasses Gras und Wasserpfützen laufen sowie im Winter durch den Schnee, ohne dabei nasse Füße zu bekommen. Bei tiefem Schnee benötigen Sie Gamaschen.

Wenn Sie Ihre Ausrüstung mit entsprechender Sorgfalt auswählen steht dem Biophilia-Training bei Tag und Nacht, bei jedem Wetter und zu jeder Jahreszeit, nichts mehr im Weg. Apropos Nacht: Bei klarem Nachthimmel entlang von Feldwegen über die Wiesen zu laufen und dabei stets vom Mond und den Sternen begleitet zu werden, ist ein erhebendes Erlebnis, das ebenfalls zum Training anspornt. Die Natur bringt von 1. Jänner bis 31. Dezember so viel zauberhafte Abwechslung in Ihr Sportleben, dass Ihnen nie die Puste ausgehen wird.

## Anti-Stress-Training mit Biophilia-Effekt
### Entspannung zwischen Bäumen

Erinnern wir uns noch einmal an unsere Vorfahren, die in der Savanne lebten. Wir haben gesehen, dass unser ästhetisches Empfinden für Bäume und Landschaften noch heute von dieser gemeinsamen Vergangenheit geprägt ist.

Eine Savanne ist eine Grünfläche mit vereinzelt stehenden Bäumen, Baumgruppen und Büschen. Solche Landschaftsformen finden wir überall auf der Erde, nicht nur in den Tropen und Subtropen. In den gemäßigten Breiten entsprechen viele kleinstrukturierte Flächen, die von Bauern bewirtschaftet werden, dem Savannen-Typus. Damit sind keine Monokulturen der Agrarindustrie gemeint, sondern Streuobstwiesen mit alten Obstbäumen, grünes Weideland sowie jede andere Fläche mit ausgedehnten Graslandschaften, wo wir uns zwischen Bäumen, Sträuchern und Hecken entlang bewegen können. Auch lichte Baumbestände am Waldrand fallen in diese Kategorie.

Landschaftsplaner legen die meisten Parks in Großstädten nach dem Vorbild der Savanne an. Das hat umweltpsychologische Gründe, die schon länger bekannt sind. Studien haben nämlich gezeigt, dass nicht nur Wälder sondern in noch höherem Maße die savannenartigen Landschaften überall auf der Erde ihren Besuchern helfen, depressive Symptome, Unruhe sowie Nervosität und chronischen Stress in den Griff zu bekommen. Grünflächen mit Bäumen eignen sich unterstützend zur Behandlung von Burnout-Patienten, also von Menschen, die aufgrund sozialer oder beruflicher Überlastung in eine psychische Notlage geraten sind.[27] Aus Feldstudien wissen wir, dass der Aufenthalt in Savannenlandschaften den Parasympathikus aktiviert. Das ist ein Teil unseres Nervenkostüms, der sich mit seinem Netzwerk über den gesamten

Körper erstreckt und bis in die Zellen der Organe reicht. Der Parasympathikus, auch »Nerv der Ruhe« genannt, ist für Entspannung zuständig und bremst Stressreaktionen. Das wiederum hat ebenfalls evolutionäre Gründe. Unsere Vorfahren lebten nicht nur lange Zeit in der Savanne, sondern dieser Lebensraum kommt auch dem menschlichen Körperbau und der menschlichen Psyche sehr entgegen. Wir können die Landschaft leicht überblicken, indem wir über kleinere Gehölze hinweg und zwischen den Bäumen hindurchsehen. So behalten wir unsere Umgebung im Auge und müssen keine versteckten Gefahren befürchten.

Unser an der Evolution geschultes Reptiliengehirn, das die Landschaft ständig überwacht, ohne dass wir es bemerken, schaltet uns in den Entspannungsmodus, in dem die körperliche und die psychische Regeneration gefördert werden. Die beruhigenden Reize der Natur können dadurch in Savannenlandschaften besonders effizient auf uns einwirken. Bluttests haben gezeigt, dass der Gehalt von Stresshormonen in unserem Organismus zurückgeht, wenn wir uns durch savannenartige Landschaften bewegen.

Diesen »Savannen-Effekt« können Sie sich beim Biophilia-Training zunutze machen. Laufen oder radeln Sie nicht nur, wie bereits beschrieben, durch wilde Landschaften und »unheimliche« Bereiche im Wald, in denen Sie das Reptiliengehirn durch körpereigenes Doping zu Höchstleistungen antreibt, sondern bewegen Sie sich auch durch die beruhigenden Naturschauplätze à la Savanne.

Ideal wäre es, wenn Sie Ihre Biophilia-Trainingstour mit einem Lauf durch diese Landschaftsform abschließen, um den Natursport mit einem ausgeglichenen Hormonhaushalt ausklingen zu lassen. Ob das möglich ist, hängt zwar von den Gegebenheiten Ihrer Wohngegend ab, aber selbst dann, wenn Sie keine savannenähnlichen Naturlandschaften in Ihrer Nähe finden, steht Ihnen am Rückweg womöglich ein Park zur Verfügung, der diesen Ansprüchen gerecht wird.

Auch abseits des Trainings ist es im Rahmen von Spaziergängen und Auszeiten sehr empfehlenswert, die Natur aufzusuchen, um chronischen Stressreaktionen entgegenzuwirken. Diese fügen uns modernen Menschen nämlich ernsthafte gesundheitliche Schäden zu. Dauerstress, der in unserer Gesellschaft zum Beispiel in Schulen oder am Arbeitsplatz zum Alltag gehört, führt nachweislich zu Herz-Kreislauf-Erkrankungen, Magen-Darm-Problemen, psychischen Störungen und begünstigt sogar die Entstehung von Krebs.[28]

Während unter Wissenschaftlern noch kontrovers diskutiert wird, ob Depressionen, Angstzustände und andere psychische Probleme die Krebsentstehung fördern oder nicht, sind sich beim Thema Stress alle einig: Stress ist eine ernsthafte Gefährdung unserer Gesundheit, weil er sich nachweislich über das Nervensystem negativ auf unser Immunsystem und die Organe auswirkt.

Das Immunsystem spielt sowohl bei der Abwehr als auch bei der Bekämpfung von Tumoren eine wichtige Rolle. Savannenartige Landschaften in der Natur oder der eigene Garten, sofern dieser vorhanden ist, eignen sich hervorragend für verschiedene Entspannungsübungen, die sich bewährt haben. Die chinesische Tradition des Chi Kungs ist seit vielen Jahrhunderten mit Naturschauplätzen verbunden. Chi Kung, manchmal auch als »Qi Gong« bezeichnet, ist eine meditative Bewegungsform, um Körper und Geist zu trainieren und gesund zu halten.

Seit Jahrhunderten empfehlen traditionelle chinesische Mediziner, Chi Kung in der Natur oder in naturnahen Parks zu praktizieren. Im Praxisteil dieses Buches finden Sie die Anleitungen für eine Atemübung und eine Bewegungsübung aus dieser Tradition. Beide sind zur Stressreduktion geeignet. Savannenartige Landschaften bieten sich auch als Orte für Naturmeditation an. Einerseits fördert die Aktivierung des Parasympathikus unsere Entspannung und andererseits bietet uns die Natur Reize, die uns faszinieren und auf die wir uns daher besonders leicht fokussieren können, um der Ablenkung unserer Gedanken entgegenzuwirken.

An psychosomatischen Kliniken, wo Patienten mit oft stressbedingten Störungen behandelt werden, setzen Ärzte und Therapeuten bereits Bilder und Tonaufnahmen aus der Natur ein, um die Entspannungstherapie als wichtigen Teil der Behandlung effizienter zu gestalten. Studien haben nämlich gezeigt, dass sogar Aufnahmen aus der Natur eine messbare Reduktion von chronischem Stress und auch von Schmerzen bewirken.[29] An die Originale unserer Ökosysteme kommen Bilder und Tonbänder aber nicht heran.

Das autogene Training ist eine anerkannte Entspannungsmethode, die auf den Berliner Psychiater Johannes Schultz zurückgeht. Es basiert auf einer Art Selbsthypnose. Zum Stressabbau ist das Autogene Training vorzüglich geeignet. Verbunden mit den ebenfalls stressreduzierenden Reizen savannenartiger Landstriche erhält es ein noch größeres Potenzial und bietet sich als Ergänzung des Biophilia-Trainings geradezu an, um psychischen und körperlichen Beschwerden vorzubeugen.

Bevor wir die eigentliche Übung beschreiben, möchten wir Ihnen das Prinzip veranschaulichen, nach dem unser Körper völlig unbewusst auf innere Vorstellungen reagiert. Suchen Sie sich zu diesem Zweck einen Ring oder eine Beilagscheibe aus Ihrem Werkzeugkoffer. Binden Sie einen etwa 15 Zentimeter langen Nähfaden daran. Nehmen Sie den Nähfaden ganz am Ende zwischen zwei Fingerspitzen, am besten zwischen Zeigefinger und Daumen. Halten Sie ihn ganz locker und lassen Sie den Ring oder die Beilagscheibe frei nach unten hängen. Ihr Arm befindet sich dabei ebenfalls frei in der Luft. Jetzt stellen Sie sich vor, wie der Ring allmählich zu kreisen beginnt.

Stellen Sie sich vor, wie er immer weitere Kreise zieht. Nach einiger Zeit bemerken die meisten Menschen, dass der Ring sich tatsächlich in die vorgestellte Richtung bewegt, also zu kreisen beginnt. Er folgt ohne unser bewusstes Zutun unserer Vorstellungskraft. Woran mag das liegen? Es ist ganz einfach: Ohne, dass wir es bewusst tun müssen, setzt unser Körper feinste Muskeln in unseren Fingern in Bewegung, deren Aktivität wir kaum wahrnehmen. Die minimalen unwillkürlichen Bewegungen des Armes und der Finger werden durch den langen Faden verstärkt und wirken sich auf den Ring aus.

Unsere Muskeln folgen also wie von selbst unserer Vorstellungskraft. Das autogene Training erfolgt nach demselben Prinzip. Unter Einfluss der Natur wird es zum Biophilia-Training. Und das geht so:[30]

## ❋ Platz nehmen

Suchen Sie sich einen Platz in einer savannenartigen Landschaft oder einem lichten Baumbestand, an dem Sie sich unbeobachtet fühlen. Halten Sie auf der Wiese nach einer ebenen und trockenen Liegefläche Ausschau, wobei Sie eine weiche Unterlage ausbreiten können.

### ❋ Position einnehmen

Legen Sie sich auf den Rücken, die Beine ausgestreckt und die Arme ganz locker und bequem seitlich am Körper. Die Arme sollen am Boden aufliegen. Drehen Sie die Handflächen nach unten. Wenn Sie eine entspannte Position gefunden haben, die keine Muskelspannung benötigt, um Sie zu halten, dann liegen Sie perfekt.

### ❋ Einstimmen durch Atemübung

Schließen Sie die Augen und konzentrieren Sie sich auf Ihren Atem. Verlangsamen Sie die Atemgeschwindigkeit und atmen Sie tief und entspannt. Nehmen Sie wahr, wie die Luft beim Einatmen in Sie einströmt, den Brustkorb und Bauch hebt, und dann wieder aus Ihnen ausströmt. Achten Sie darauf, wie sich die ausgeatmete Luft in der Nase im Vergleich zur einströmenden Luft anfühlt.

### ❋ Das Autogene Training

Nach einer Weile sagen Sie in Gedanken zu sich selbst: »Mein rechter Arm ist schwer.« Sprechen Sie ganz ruhig mit sich selbst, fast schon hypnotisch, und wiederholen Sie den Satz immer wieder: »Mein rechter Arm ist schwer, ganz schwer.« Stellen Sie sich dabei vor, wie ein schweres Gewicht an Ihrem rechten Arm angebracht ist, das ihn nach unten zieht. »Mein rechter Arm ist schwer, ganz schwer.« Nehmen Sie wahr, wie Ihr Arm angenehm warm wird. Er ist jetzt ganz schwer und entspannt. Wiederholen Sie dasselbe mit dem linken Arm: »Mein linker Arm ist schwer, ganz schwer.« Ein Gewicht hängt an ihm und zieht ihn nach unten. Er wird ganz warm. Gehen Sie schließlich zu ihrem rechten Bein über und wiederholen Sie das Ganze. »Mein rechtes Bein ist schwer.« Danach kommt das linke Bein an die Reihe. Setzen Sie die Autosuggestion fort: »Mein Bauch ist warm, ganz warm.« Wiederholen Sie auch diesen Satz immer wieder, bis sich die Wärme in Ihrem Bauch bemerkbar macht. Wenn störende Gedanken aufkommen, kämpfen Sie nicht aktiv dagegen an, sondern nehmen Sie die Gedanken einfach wahr und stellen Sie sich vor, wie sie zu wolkenähnlichen Gebilden werden, die an Ihnen vorbeiziehen. Wenn die Gedanken Ihre Entspannung weiterhin stören, können Sie diesen den Raum in Ihrem Kopf entziehen, indem Sie die Suggestionen fortsetzen: »Meine Stirn ist kühl«, und dann: »Mein Kopf ist leicht und frei.«

### Übung macht den Meister
Je länger Sie diese Selbstsuggestion durchführen und je öfter Sie die Übung wiederholen, desto leichter wird es Ihnen fallen, die tiefe Entspannung aufrecht zu erhalten. Sie werden dann die Schwere und Wärme der Arme und Beine auch herbeiführen können, indem Sie nur noch innere Bilder verwenden, ohne die verbalen Suggestionen unbedingt aufsagen zu müssen. Das Ambiente der Natur verstärkt die entspannende Wirkung des autogenen Trainings durch seine ebenfalls stresslösenden Reize. Sie brauchen bei der Suche nach dem richtigen Platz bloß Ihrer inneren Biophilia zu vertrauen.

# Biophilia – Die Macht des Unbewussten
## Der Tiefeneffekt beim Sport in der Natur

Sie kennen dieses Phänomen bestimmt vom Wandern und Spazieren durch die Natur: Die Kulissen der Bergwelten, der Wälder, der Wiesen, Seen und Flüsse wirken in uns noch nach, wenn wir schon lange wieder zuhause sind. Das ist eine Art Nachhall der Biophilia, die in der Natur aktiviert worden ist. Unser Nervensystem verarbeitet die Sinneseindrücke in Form von inneren Bildern. Wanderer zehren oft lang von ihren Ausflügen in die Natur und erinnern sich gerne daran zurück. Auf diese Weise werden die positiven Gefühle, die in der Natur aufgekommen sind, wieder aktiviert und in den gegenwärtigen Moment geholt.

Gleichzeitig wecken sie die Sehnsucht, sich bald wieder durch die Natur zu bewegen, schaffen also neue Motivation für Bewegung. Diese innere Verbindung mit Pflanzen, Tieren und Landschaften wird auch beim Biophilia-Training aktiviert. Nach dem Sport im Wald oder einem Geländelauf über Hügel und Felsen erinnern wir uns abends mühelos an die Natureindrücke. Wir fühlen uns angenehm erschöpft und freuen uns auf den Schlaf, in dem sich unsere Kräfte regenerieren und unsere Muskeln aufgebaut werden. Vor dem Einschlafen ist ein guter Zeitpunkt, die Naturszenen des Biophilia-Trainings von diesem Tag noch einmal abzurufen. Begeben Sie sich auf eine geistige »Reise« an den Ort, an dem Sie trainiert haben und erinnern Sie sich an die Bereiche, die Ihnen am besten gefallen haben. So festigen Sie Ihre innere Beziehung zu Ihrem persönlichen Biophilia-Terrain. Auch in diesem Punkt bleibt das Fitness-Studio weit hinter dem Sport unter freiem Himmel zurück.

Beim Indoor-Training kommen wir nicht vom Fleck. Es gibt nichts zu erkunden, keine Landschaft, durch die wir uns hindurch bewegen können. Sich die Eindrücke des Fitness-Studios in Erinnerung zu rufen, ist in der Regel nicht besonders attraktiv. Hingegen ist unser Unbewusstes auf den Umgang mit Naturbildern seit Äonen geeicht. Die Vorstellung grüner Wiesen und ruhiger Gewässer wirkt Stressreaktionen entgegen und kurbelt die regenerativen Kräfte unseres Körpers an.

Dies geschieht durch die Aktivierung des Parasympathikus, der nicht nur dann anspringt, wenn wir uns tatsächlich in der Natur befinden, sondern auch, wenn wir uns friedliche Naturszenen vorstellen. Das Biophilia-Training liefert uns das Bildmaterial dazu. Die gesundheitsfördernde Wirkung der Vorstellungskraft sollten wir auf keinen Fall unterschätzen. Bereits gegen Ende der Siebzigerjahre machte ein Patient der Immunologin und Psychotherapeutin Patricia Norris an einer Klinik der US-amerikanischen Menninger Foundation in Kansas Schlagzeilen. Norris betreute einen Neunjährigen, der an einem aggressiven und nicht operablen Gehirntumor erkrankt war. In wöchentlichen Therapieeinheiten brachte Norris dem schwerkranken Jungen Entspannungs- und Imaginationstechniken bei. Der Patient stellte sich in einem meditativen Zustand vor, wie ein Kampfraumschiff mit Laser und Torpedos in seinem Körper unterwegs war. Diese Waffen symbolisierten die weißen Blutkörperchen. Die gegnerischen Raumschiffe stellten die Krebszellen dar. Der junge Patient ließ sein vorgestelltes Schiff auch außerhalb der wöchentlichen Sitzungen gegen den Krebs anrücken.

Eines Tages berichtete er seiner Ärztin, Dr. Norris, das gute Raumschiff könne keine gegnerischen mehr finden. Norris veranlasste daraufhin eine Computertomographie des Gehirns: Der Tumor war verschwunden, obwohl er als unheilbar galt und nicht mehr medizinisch behandelt worden war. Einen ähnlichen Fall aus den USA beschrieben der Kinderarzt Daniel Kohen aus Minnesota und die Kinderärztin Karen Olness aus Ohio. Beide sind als Professoren an Universitäten tätig.

Sie berichteten im Jahr 1996 von einem elfjährigen Mädchen, das am gesamten Körper an Nesselausschlägen litt, wann immer sie in Stress geriet. Es handelte sich also um eine psychosomatische Reaktion des Immunsystems. Es gelang dem Mädchen, zu erlernen, die allergische Hautreaktion durch einen imaginären Joystick abzuschalten, wann immer sie auftrat. Diese Einzelfälle veranlassten Wissenschaftler dazu, die gesundheitsfördernde Wirkung der Vorstellungskraft in Experimenten zu überprüfen. Zu diesem Zweck leiteten die Medizinerin Barbara Hewson-Bower und der Universitätsprofessor Peter Drummond von der Murdoch Universität in Australien ihre an Grippe erkrankten Versuchsteilnehmer an, sich bildhaft vorzustellen, wie ihr Immunsystem gegen die Bakterien und Viren anrückt. Die Patienten, die sich selbst durch ihre Vorstellungskraft behandelten, wurden signifikant schneller gesund als jene der Kontrollgruppe ohne Fantasiebehandlung.[31]

Zwischen 1992 und 2007 führten Ärzte und Wissenschaftler im Rainbow Kinderspital in Cleveland, Ohio, eine Serie beeindruckender Experimente mit Schülern und Studenten durch. Das Forscherteam hatte es auf die Neutrophilen abgesehen. Das sind die »Erste-Hilfe-Zellen« unseres Immunsystems, die als erste vor Ort sind, um Krankheitserreger abzuwehren. Dabei entstehen Entzündungsreaktionen. Die Neutrophilen können, wann immer sie gebraucht werden, extrem schnell aus der Blutbahn ins Körpergewebe eindringen. Dazu müssen sie sich mit klebrigen Substanzen festhalten, die Biologen als Adhäsions-Moleküle bezeichnen. In den Experimenten in Cleveland baten die Forscher ihre

Versuchspersonen, sich bildhaft vorzustellen, wie ihre Neutrophilen immer klebriger werden, um bessere Arbeit leisten zu können. Ein Student stellte sich seine Erste-Hilfe-Zellen zum Beispiel als Tennisbälle vor, aus denen Honig quoll. Nach zwei Wochen ergaben Speichel- und Blutproben, dass sich die Haftungsfähigkeit tatsächlich signifikant erhöht hatte.[32] Dass unsere Psyche mit unserem Immunsystem verwoben ist und dieses beeinflussen kann, ist längst wissenschaftlich belegt.

<<<

**Wissenschaftliche Studien legen nahe, dass es möglich ist, die inspirierenden Kräfte des Waldes für unsere mentale und körperliche Gesundheit zu nutzen.**

Es ist also nicht verwunderlich, dass sich auch unsere Vorstellungskraft auf das Immunsystem auswirkt. Wenn wir uns die Naturszenen unseres Biophilia-Trainings am Abend mithilfe unserer Vorstellungskraft wieder ins Gedächtnis rufen, wirkt das beruhigend, stresslösend und aktiviert die regenerativen Kräfte unseres Körpers. Doch abgesehen davon, dass wir uns die Natur in Erinnerung rufen können, empfiehlt es sich, die Vorstellungskraft auch während des Biophilia-Trainings einzusetzen.

Sich bildlich vor Augen zu führen, wie wir im Wald die Substanzen der Bäume atmen und in einen biochemischen Austausch mit den Pflanzen und Pilzen, den Mikroorganismen und Tieren treten, fördert unser Empfinden, ein Teil des Ökosystems zu sein, das wir durchqueren. Die soeben genannten wissenschaftlichen Studien legen nahe, dass es möglich ist, die inspirierenden Kräfte des Waldes während des Trainings für unsere mentale und körperliche Gesundheit zu nutzen. Stellen

Sie sich zum Beispiel, während Sie durch ein Waldstück laufen, mithilfe Ihrer Fantasie vor, wie die Terpene der Bäume aus den Kronen und Büschen zu Ihnen schweben uns sich rund um Sie sammeln. Sie verdichten sich zu einer Wolke um Ihren Körper. Bei jedem Atemzug strömen sie in Ihre Lungenflügel und verteilen sich in Ihrem Körper. Lassen Sie sich dabei vom Ambiente des Waldes zu einer inneren Symbolsprache inspirieren. Es ist unbedeutend, wie Sie sich die Terpene vorstellen, solange Ihre inneren Bilder für Sie persönlich die betreffenden Substanzen symbolisieren. Finden Sie auch ein Fantasiebild, das Ihre natürlichen Killerzellen darstellt, die durch die Terpene in der Waldluft gestärkt und vermehrt werden. Wir können uns zum Beispiel kleine, stachelige Morgensterne aus Stahl vorstellen, die wie winzige Waffen durch unser Blut jagen, uns aber nichts anhaben. Nehmen Sie wahr, wie die Killerzellen mehr werden. Aus einem werden zwei, aus zwei werden vier, aus vieren werden acht und so weiter. Aus zehntausend werden zwanzigtausend, vierzigtausend… Die Zellen quellen aus dem Rückenmark wie aus einer riesigen, stampfenden Killerzellenfabrik. Sie werden in die Blutbahn aufgenommen. Ob dabei, so wie in den beschriebenen Experimenten, jedes Mal eine messbare Wirkung eintritt, sei dahingestellt.

Doch selbst für den Fall, dass diese Fantasiebilder keinen tatsächlichen Einfluss auf die Prozesse Ihres Immunsystems nehmen sollten, so können Sie dadurch dennoch Ihre mentale Verbindung zu Ihrem persönlichen Biophilia-Terrain, in welchem Sie regelmäßig trainieren, vertiefen. Denn Sie stellen sich bei dieser Übung stoffliche Abläufe vor, die tatsächlich stattfinden. So vergegenwärtigen Sie sich Ihre eigene Verbindung mit der Natur während des Biophilia-Trainings.

## Geben und Nehmen
### Biophilia-Training und Umweltbewusstsein

Wir wollen einem möglichen Missverständnis von vorne herein vorbeugen: Wenn wir beim Biophilia-Training die Kräfte der Natur nutzen, um bessere sportliche Leistungen zu erbringen und unseren Körper kräftig, fit und in Form zu halten, dann steht dahinter keinesfalls die Idee, die Natur bloß auszunutzen. Nichts läge uns mit diesem Buch ferner als diese Botschaft. Das Biophilia-Training hat nichts mit Egoismus zu tun und auch nichts mit einem gesellschaftlich auferlegten Körperkult oder Schönheitswahn. Ganz im Gegenteil.

Wir sind der Überzeugung, dass das Biophilia-Training das Bewusstsein der Menschen für die Natur und ihre großen Zusammenhänge schärfen kann. Der unbewusste Umgang unserer Gesellschaft mit der Umwelt resultiert unter anderem aus unserer Entfernung von der Natur.

Der *Homo sapiens* ist zwar ein Naturwesen, das sich so wie Tiere und Pflanzen im Laufe der Evolution entwickelt hat, aber im Zeitalter der Industrie und unter dem Diktat der Wirtschaftlichkeit sind wir von unseren Wurzeln weitgehend abgeschnitten. Richard Louv, ein US-amerikanischer Sachbuchautor und Lektor an der Clemson University in South Carolina, setzte daher den Begriff »Natur-Defizit-Störung« in die Welt. Nicht nur der moderne Mensch leide an den psychischen und gesundheitlichen Folgen dieser »Krankheit«, sondern die Natur-Defizit-Störung des Menschen wirke sich auch äußerst schädlich auf die Ökosysteme aus, da die Entfernung der menschlichen Gesellschaft von der Natur ein wesentlicher Grund dafür sei, dass wir so achtlos mit unserer natürlichen Umwelt und den Tieren umgehen. Die Umweltzerstörung fällt uns dabei selbst auf den Kopf, weil wir unsere Verwobenheit mit der Natur zwar vergessen und verdrängen können, sie aber für immer

weiter bestehen wird. Somit ist jeder Schaden, den wir der Ökologie der Erde zufügen, auch ein Schaden, den wir uns selbst zufügen.

<<<

## Die Naturerfahrung ist in der Lage, die verlorene Naturbeziehung des Menschen wiederherzustellen.

Wir sind davon überzeugt, dass das Biophilia-Training dazu beitragen kann, dass wieder mehr Menschen den unschätzbaren Wert der natürlichen Lebensräume entdecken und feststellen, dass wir nach wie vor einen Platz darin haben. Die eigene Biophilia und die Hingabe zur Natur beispielsweise beim Sport im Wald zu spüren, führt immer auch zu einem Gefühl der Ehrfurcht und des Respekts vor der Natur, den Tieren und den Pflanzen. Die meisten Menschen, die die Atmosphäre des Waldes genießen, handeln ganz sicher nicht »egoistisch«. Die Naturerfahrung ist in der Lage, die verlorene Naturbeziehung des Menschen wiederherzustellen. Das Biophilia-Training ist daher auch ein Beziehungstraining gegenüber unseren natürlichen Ökosystemen und kann daher zu größerer Achtsamkeit im Umgang mit der Umwelt führen.

Erinnern wir uns an Woody Allen, der sich öffentlich zu seiner Biophobie, also zur Ablehnung gegenüber der Natur bekannt hat und jeden Kontakt zu Pflanzen und Tieren meidet. David Orr, ein Professor für Umweltwissenschaft an der University of Vermond in Burlington, wurde von seiner Universität für besondere Leistungen ausgezeichnet.

Für ihn ist die Biophobie von Woody Allen »not okay«. Professor Orr schrieb: »Biophobie ist aus denselben Gründen nicht in Ordnung wie Menschenhass und unsoziales Verhalten. Alle Formen der Biophobie verringern den Umfang an positiven, freudvollen Lebenserfahrungen auf dieselbe Weise wie die Unfähigkeit zu engen und liebevollen Beziehungen zu anderen Menschen das Leben beeinträchtigt.«[33]

So wie Louv sieht auch Orr in der Entfremdung von der Natur die Gründe für Krankheit und Umweltzerstörung, während die Biophilia und positive Naturerfahrungen durch das steigende Umweltbewusstsein sowohl die menschliche Gesundheit als auch die Gesundheit der Ökosysteme fördern. Das Biophilia-Training bietet beides, nämlich einerseits die gesundheitsfördernden und zum Sport motivierenden Reize der Natur und andererseits die Chance, in Beziehung zur Natur zu treten und das eigene Umweltbewusstsein zu fördern. Alle Umweltschutzbewegungen sind letztlich auch auf die persönlichen Naturbeziehungen ihrer Teilnehmer zurückzuführen.

<<<

## Die Natur beurteilt uns weder nach unserem Aussehen noch nach unserer Figur oder unseren sportlichen Leistungen.

Achten Sie daher bitte beim Biophilia-Training auf einen respektvollen Umgang mit dem Ökosystem, durch das Sie sich bewegen. Auch das Mountainbiking durch Wälder und über grüne Landschaften kann eine sehr willkommene Naturerfahrung sein. Uns schwebt im Rahmen des Biophilia-Trainings aber kein rücksichtsloses »Brettern« durch die Wildnis vor. Bitte bleiben Sie beim Mountainbiking auf den Forstwegen und Pfaden, die als Moutainbike-Strecken gekennzeichnet sind. Fahren Sie nicht abseits der Wege, da es dabei zu Störungen des Lebens der Wildtiere und zu Schäden an der Vegetation kommen kann. Wir benutzen das Mountainbike, um entlang von geeigneten Routen an entlegene Stellen im Wald zu gelangen. Dort steigen wir dann vom Rad auf unsere Füße um. Der Geländelauf durch den Wald ist auch abseits der Wege unproblematisch und stellt eine effiziente Trainingsform dar, bei der Sie viel näher an der Natur dran sind als im Sattel eines Mountainbikes.

Das Laufen auf Waldboden und die Überwindung von Hindernissen mithilfe unserer Beine und Arme stellt die natürlichste Form der menschlichen Fortbewegung dar, an die sich unser Körper über Äonen von Menschengenerationen angepasst hat. Das Mountainbike ist ein optimales Gefährt, um die Naturschauplätze zu erreichen, wo der Geländelauf und die Übungen an natürlichen Trainingsgeräten, die in diesem Buch beschrieben sind, stattfinden können.

Autos sollten beim Biophilia-Training zur Gänze weggelassen werden. Wie in einem früheren Kapitel beschrieben, eignet sich das Fahrrad vorzüglich, um die Stadt zu verlassen und ins nächste Naturgebiet oder zu einer großen Grünanlage zu fahren. Die Kombination aus Radfahren, Joggen und Krafttraining im Rahmen einer Biophilia-Trainingseinheit stellt eine optimale, ganzheitliche Form des Sports dar, bei der unser gesamter Körper trainiert wird, während unsere Kondition ansteigt und wir auch mental gestärkt werden. Anders als im Fitness-Studio, in dem der Körperkult ganz groß geschrieben wird und die Sportler einander oft gegenseitig ihre Muskeln und Figuren präsentieren, geht es beim Biophilia-Training nicht um Prestige. Die Natur beurteilt uns weder nach unserem Aussehen noch nach unserer Figur oder unseren sportlichen Leistungen. Natürlich führt das effiziente Biophilia-Training zu einer gesteigerten Kondition und zu mehr Kraft – und somit auch zu einer entsprechenden Figur. Dies geschieht aber auf ganz natürliche Weise und ohne eine Fitness-Industrie dahinter, die uns vorgibt, wie wir auszusehen haben. Solche gesellschaftlichen Schönheitsideale kennen die Pflanzen und Tiere des Waldes nicht. Einer der Joker des Biophilia-Trainings besteht also darin, dass es eben nicht um eine Art Wettbewerb unter den Trainierenden geht, der im Fitness-Studio oft spürbar ist, sondern dass das Natursport-Erlebnis im Vordergrund steht. So trainieren wir ohne gesellschaftlichen Druck und ohne Beobachtung durch »Mitbewerber«, die zur Beurteilung unserer Leistung oder unserer Fortschritte neigen. Auch das ist eine Art des »Weg-seins« von gesellschaftlichen Einflüssen, die uns das Biophilia-Training ermöglicht.

## Auf den Punkt gebracht
### Wie das Biophilia-Training wirkt

Das Biophilia-Training ist ein effizientes Sportprogramm im besten Fitness-Studio der Welt, das uns kostenlos und ohne Mitgliedsbeitrag zur Verfügung steht, die Natur. Kurz und bündig zusammengefasst bringt das Biophilia-Training folgende Vorteile:

- Unser Bewegungsapparat ist an den natürlichen Untergrund angepasst. Bewegung und Sport auf Asphaltflächen führen zu Degenerationserscheinungen, während Waldboden und Grasflächen unsere Gelenke und Knochen schonen.

- Beim Sport auf unebenen Naturflächen muss unser Körper permanent die Unregelmäßigkeiten ausgleichen. Dabei werden auch feinste Muskeln und Muskelgruppen trainiert, die beim Sport in der Stadt oder an Geräten nicht ausreichend zum Einsatz kommen. Die Stärkung dieser Muskeln stabilisiert uns von innen heraus und trägt zu einer gesunden Haltung bei.

- Evolutionär betrachtet sind Laufen, Klettern, Schleppen sowie das Stämmen von Objekten die Bewegungen, an die wir seit Äonen angepasst sind. Das Biophilia-Training bietet uns die Möglichkeit, genau diese Sportarten auf vollkommen natürliche Weise miteinander zu kombinieren. Im Wald finden wir alles, was wir dazu benötigen.

- Die Natur motiviert uns Menschen nachweislich zum Sport. Personen in grünen Wohngegenden trainieren statistisch gesehen dreimal so viel und leiden deutlich seltener an Übergewicht als Menschen in

»grauen« Vierteln. Der Anblick eines Baumes durch das Fenster fördert nachweislich unsere Selbstheilungskräfte und motiviert uns zu mehr Bewegung sowie zu mehr Freude am Lernen und an Arbeits- und Alltagstätigkeiten.

🌿 Aufgrund unserer evolutionären Vergangenheit können wir beim Biophilia-Training bestimmte Landschaftsformen und Landschaftselemente gezielt einsetzen, um unser Reptiliengehirn, einen 500 Millionen Jahre alten Teil unseres Nervensystems, dazu zu bringen, uns durch körpereigene Dopingsubstanzen vorrübergehend zu besonderen Trainingsleistungen zu befähigen. Die Natur spornt uns auf effiziente Weise an, wie es in keinem Fitness-Studio möglich wäre. Selbst die Spitzensportlerin Tina Vindum stieg vom Training im Fitness-Studio, das sie langweilig und demotivierend fand, auf Sport in der Natur um. Das half ihr, die Stagnation ihrer sportlichen Leistung zu überwinden.

🌿 Beim Biophilia-Training atmen wir sekundäre Pflanzenstoffe aus der Waldluft, die besonders positiv auf unser Immunsystem wirken. Es handelt sich um Terpene, die unter anderem als chemische »Wörter« der Kommunikation von Pflanzen dienen. Jüngste wissenschaftliche Studien haben mehrfach bewiesen, dass diese Terpene zu einer signifikanten Erhöhung der Anzahl und Aktivität unserer natürlichen Killerzellen führen, die gegen Viren und Krebszellen anrücken. Auch die drei wichtigsten Anti-Krebs-Proteine unseres Organismus sowie körpereigene Herzschutzsubstanzen werden durch Waldluft aktiviert. Das Biophilia-Training ist also eine natürliche Aromatherapie.

❋ Spaziergänge im Grünen erwiesen sich schon nach fünf Minuten als psychologisch wirksam und senkten bei Menschen mit Depressionen das Auftreten depressiver Symptome signifikant. Als besonders förderlich für unsere psychische Gesundheit hat sich die Bewegung entlang von Gewässern erwiesen. Die Natur ist auch eine Mental-Trainerin.

❋ Die Naturfaszination, die beim Biophilia-Training eintritt, regeneriert unsere geistigen Kräfte und unsere Fähigkeit, im Beruf- und Alltagsleben konzentriert zu sein. Auch bietet uns der Sport in der Natur die Möglichkeit, von unserer Gesellschaft sowie von sozialen Problemen oder von Schwierigkeiten am Arbeitsplatz Abstand zu nehmen. So schützt uns das Biophilia-Training davor, an sozialem Stress krank zu werden und verhilft uns sogar zu neuen Denkweisen und Ansätzen zur Problemlösung.

❋ Bodenbakterien wie *Mycobacterium vaccae* und deren Stoffwechselprodukte, mit denen wir beim Sport in der Natur in Kontakt kommen, wirken sich auf unsere mentale Verfassung und unser psychisches Wohlbefinden positiv aus. Das genannte Bakterium führt dazu, dass unser Körper die Produktion des Glückshormons Serotonin hochfährt und wird daher von Medizinern bereits als zukünftiges Therapeutikum gegen Depressionen erforscht.

❋ Zum Stressabbau empfiehlt sich ganz besonders das Biophilia-Training in savannenähnlichen Landschaften. Das sind Grünflächen, auf denen verstreut Bäume und Büsche wachsen, wie zum Beispiel Streuobstwiesen, Waldlichtungen oder ähnliches. Dort schaltet uns unser evolutionär geschultes Reptiliengehirn sehr effektiv in den Entspannungsmodus. Die beruhigenden Naturreize wirken in savannenartigen Landstrichen ungestört auf uns ein, weil wir dort unsere Umgebung mühelos überblicken können. Unsere archaischen Gehirnsysteme schalten unseren Organismus bei dieser Art des Biophilia-Trainings auf Regeneration und Entspannung. Das ist ein wichtiger Ausgleich gegenüber den chronischen Stressbelastungen des modernen Lebens, die uns nachweislich krank machen und sogar die Entstehung von Krebs begünstigen können.

✿ Die richtige Ausrüstung macht es uns möglich, auch zur kalten Jahreszeit in Schnee und Eis das Biophilia-Training zu absolvieren, ohne dass es dabei zu Unannehmlichkeiten oder zur Gefahr der Verkühlung kommt. Die Erfahrung, von den Witterungsbedingungen unabhängig zu sein, ist ein erhebendes Gefühl, zu dem uns der Natursport im Winter verhilft. Das stärkt unser Selbstvertrauen.

✿ Das Biophilia-Training ist mit Respekt vor der Natur und den Tieren verbunden. Wir müssen dabei großen Wert darauf legen, keinen Schaden an den Ökosystemen anzurichten und das Leben der Wildtiere nicht zu stören. Mit dem Mountainbike durch die Vegetationsdecke zu »brettern« ist daher nicht Teil des Biophilia-Konzepts. Wir sind davon überzeugt, dass Sport in der Natur die Beziehung der Menschen zu ihrem natürlichen Lebensraum wiederherstellt und dadurch gesellschaftlich betrachtet zu einem steigenden Umweltbewusstsein führt.

## Einige Hinweise für das Biophilia-Training

Die Trainingsübungen, die wir in diesem Buch beschreiben, sind Basisübungen, die auf einfache Art ein umfassendes Training ermöglichen. Bevor Sie mit dem Training beginnen, sollten Sie sicher sein, dass Sie der Belastung und der körperlichen Anstrengung gewachsen sind. Fangen Sie behutsam an und überfordern Sie Ihren Körper nicht. Etwa sollten Sie nicht mit einem zweistündigen Dauerlauf beginnen. Führen Sie einen umfassenden Gesundheits-Check durch, am besten mit einem Arzt, der Sie zu Ihrer sportlichen Aktivität beraten kann.

Trainieren Sie immer so, dass Sie auf Ihre aktuelle Tagesverfassung Rücksicht nehmen. Eine Übung, die Ihnen in bester Verfassung gelungen ist, muss Ihnen nicht an jedem Tag gelingen. Hören Sie auf Ihren Körper. Beim Training in der Natur kommt hinzu, dass Sie sich auch an die äußeren Konditionen anpassen müssen. Verschiedene Wetterbedingungen, ob Wind und Nässe oder auch starke Hitze, erfordern eine Anpassung Ihres Programms. Gehen Sie aufmerksam durch den Wald und lassen Sie sich vom jeweiligen Ort inspirieren.

Das Aufwärmen und Mobilisieren sollten Sie immer zu Beginn des Trainings einplanen, da Sie so Verletzungen vorbeugen und Ihren Körper auf die Anstrengung vorbereiten. Dann empfehlen wir, kraftauf-

wendigere Übungen zu Beginn zu absolvieren, wenn Sie noch viel Kraft haben und später zu Ausdauerübungen überzugehen. Die Entspannung und Dehnung zwischendurch ist ein absolutes Muss, um unnötige Muskelschmerzen am nächsten Tag zu vermeiden.

Als Anfänger nehmen Sie sich viel Zeit und fangen Sie immer mit der sanfteren Version einer Übung an, machen Sie zwischendurch Pausen und übernehmen Sie sich nicht. Sie werden so bessere Fortschritte machen. Sobald Sie im Biophilia-Training bereits fortgeschritten sind, können Sie dann schnellere Intervalle und intensivere Varianten der Übungen machen.

Planen Sie Ihre Trainingseinheiten ein und trainieren Sie regelmäßig. Das ist für Ihren Körper sehr wichtig. Auch, dass Sie auf die Ausgeglichenheit zwischen mehreren Komponenten achten. Die verschiedenen Bereiche, Koordination, Kraft, Ausdauer und Beweglichkeit, sollten einander gut ergänzen. Jede Trainingseinheit sollte aus Aufwärmen, Mobilisieren, Koordination, Dehnen, also einer Vorbereitung der Muskelgruppen auf die Belastung, Krafttraining und Ausdauer bestehen und sollte mit Dehnungs-und Entspannungsübungen enden. Wir empfehlen, zwischen zwei und sechs mal pro Woche ausgewogen zu trainieren.

# Aufwärmen

Beim Biophilia-Training, bei dem Sie Ihren Körper der jeweiligen Wettersituation aussetzen, ist das Aufwärmen besonders wichtig. Es ist aber auch abwechslungsreich und macht deshalb mehr Spaß als im Fitnesscenter.

Aufwärmen heißt für uns, einfach in den Wald hineinzulaufen und zu sehen, was er uns heute für das Training anbietet. Die heilenden Kräfte des Waldes entfalten sich ab dem Moment, in dem wir ihn betreten. Los geht's!

# Das Lauf-ABC

Das Lauf-ABC ist ein Koordinationstraining, das sich gut zum Aufwärmen eignet. Sie können es zwei bis drei mal pro Woche machen und etwa 10 bis 15 Minuten dafür einplanen. Am besten ist es, das Biophlia-Training damit zu beginnen, wenn Sie voll frischer Energie sind.

Das Lauf-ABC lässt sich als Ausdauereinheit gestalten, indem Sie mehrere Durchgänge hintereinander machen. Dafür können Sie 30 bis 40 Minuten einplanen. Zum Aufwärmen reicht aber auch ein Durchgang, oder nur Teile davon, etwa lockeres Eintraben. Suchen Sie sich für das Lauf-ABC am besten eine Strecke, die etwa 40 Meter lang und frei von Hindernissen ist.

Wenn Sie die Länge gelaufen sind, können Sie immer wieder mal kurz stehenbleiben oder den Körper auflockern und dann die Strecke wieder zurück laufen. Fangen Sie langsam und behutsam an. Das Lauf-ABC besteht aus Eintraben, Hopserlauf, Skipping, Anfersen, Hindernislauf und dem seitlich überkreuzten Laufen.

### Eintraben

Beginnen Sie ganz locker und entspannt und laufen Sie sich ein. Wir sagen auch »eintanzen« dazu.

### Anfersen

Aus dem Lauf heben Sie die Ferse nach hinten Richtung Gesäß, möglichst weit nach oben. Die Hüfte sollte dabei gestreckt und aufrecht bleiben.

### Skipping

Beim Skipping, dem schnellen Tribbeln, geht es um eine hohe Schrittfrequenz, also um viele kleine und schnelle Schritte. Dabei bleiben die Knie eher niedrig und die Arme schwingen parallel zum Oberkörper, den Sie dabei ganz leicht nach vorne neigen können.

 **Tipp**

Achten Sie darauf, die Hände beim Laufen nicht zu verkrampfen.

## ❋ Schneller Hindernislauf

Im Wald finden sich viele spannende Stellen für einen kleinen Hindernislauf. So eine Übung ist im Wald besonders erlebnisreich und einzigartig. Prüfen Sie vor dem schnellen Lauf die Stelle gründlich, sodass Sie sie kennen und unebenen Stellen oder Löchern ausweichen können. Bei diesem Lauf geht es darum, die Knie sehr schnell hochzuziehen. Er ist intensiv und fordernd, eine Art Hürdensprinter-Lauf. Suchen Sie dafür, wie zuvor beschrieben, in Ihrem Trainingsgebiet gezielt nach einem Waldstück, das Ihnen etwas »gruselig« vorkommt, um Ihr Reptiliengehirn zu aktivieren und kurzfristig höhere Leistungen zu erzielen.

## ❋ Hopserlauf

Beim Hopserlauf kommt etwas Schwung in die Sache. Sie springen von einem Bein ab und landen auf dem selben Bein, beim nächsten Schritt kommt das andere Bein dran. Dabei liegt die rhythmische Betonung auf dem Fußballenabdruck, wenn Sie sich vom Boden wegdrücken. Mit dem anderen Bein ziehen Sie das Knie dabei möglichst hoch hinauf. Die Arme schwingen gegengleich mit und unterstützen so den Abdruck vom Boden.

*Das Laufen auf Waldboden und die Überwindung von Hindernissen mithilfe unserer Beine und Arme stellt die natürlichste Form der menschlichen Fortbewegung dar, an die sich unser Körper über Äonen angepasst hat.*

### ❊ Seitlich überkreuztes Laufen

Beim seitlichen Lauf drehen Sie Ihren Körper quer zur Laufrichtung und überkreuzen bei jedem zweiten Schritt Ihre Beine, um seitwärts voranzukommen. Wenn Sie nach rechts laufen, treten Sie zuerst mit dem rechten Bein auf und führen das linke Bein vor dem rechten in die Laufrichtung. Dabei kommt es zur Überkreuzung, damit Sie den linken Fuß aufsetzen können. Es folgt wieder ein Schritt mit rechts und diesmal führen Sie das linke Bein hinter dem rechten in die Laufrichtung. Das linke Bein überkreuzt das rechte also immer abwechselnd vor und hinter dem Körper. Wenn Sie nach links laufen verhält es sich umgekehrt. Lassen Sie die Arme seitlich vom Körper mitschwingen oder stützen Sie sie an der Hüfte ab. Beim Überkreuzen nach vorne heben Sie das Knie hoch. Achten Sie bei dieser Übung besonders darauf, dass Sie einen ebenen Untergrund vor sich haben, den Sie leicht überblicken können. Denn bei dieser Art zu laufen sind Hindernisse, wie aus dem Boden ragende Wurzeln oder Steine, besonders lästig. Sie finden bestimmt eine Lichtung, eine Wiese oder, wie wir, einen romantischen Waldweg.

# Ganzkörperatmung im Wald zur Aufnahme der Baum-Terpene

Übung aus dem
chinesischen Chi Kung

Führen Sie diese Übung während des Biophilia-Trainings aus, am besten tief im Inneren eines Waldes. Durch die Ganzkörperatmung nehmen Sie besonders viele der gesundheitsschützenden Terpene aus der Waldluft auf und stoßen Schadstoffe aus der Lunge aus. Für die Ausgangsposition setzen Sie Ihre Füße schulterbreit auf den Waldboden und zwar möglichst parallel zueinander. Sie sollten festen Halt haben. Dann gehen Sie mit herabhängenden Armen leicht in die Knie.

Öffnen Sie Ihren Brustbereich, indem Sie Ihre Arme nach außen führen und in einer kreisförmigen Bewegung nach oben bringen, etwa so, als wären Sie ein Baum, der seine mächtige Krone zum Himmel hin entfaltet. Dabei atmen Sie tief ein. Atmen Sie zuerst in den Bauch und dann in die Brust. Sie füllen Ihren Oberkörper praktisch von unten nach oben mit Luft. Nehmen Sie die Waldluft dabei ganz bewusst auf und fühlen Sie, wie Ihre Lungenflügel damit gefüllt werden. (Abb. 1-4)

Wenn Ihre Arme dann über Ihrem Kopf zusammentreffen, führen Sie die Arme vor Ihrem Körper nach unten, während Sie die Unterarme parallel aneinander legen. Gleichzeitig beginnen Sie mit dem Ausatmen. Machen Sie dabei Fäuste, beugen Sie sich nach vorne und gehen Sie gleichzeitig in die Hocke. Drücken Sie Ihre Ellenbogen bei dieser Bewegung auf Höhe der Magengrube an Ihren Körper. Durch den Druck der Ellenbogen und die Krümmung Ihres Körpers helfen Sie Ihrer Lunge, sich restlos zu entleeren. Sie falten sich gewissermaßen zusammen und komprimieren das Volumen Ihrer Lunge. Versuchen Sie, dabei vollständig auszuatmen, sodass die verbrauchte Luft aus Ihnen entweicht. (Abb. 5-8)

Dann richten Sie sich wieder auf und beginnen abermals mit dem Öffnen und Einatmen. Die Bewegung soll möglichst rund ablaufen, ein fließendes Öffnen und Schließen, Ein- und Ausatmen, und das mehrmals hintereinander.

# Die Atmosphäre des Waldes einsammeln

Übung aus dem Daoyin Yangsheng Gong nach Prof. Zhang Guangde, Sporthochschule Peking

Bei der folgenden Übung sammeln Sie laut traditioneller chinesischer Lehre das Chi des Waldes ein und nehmen es in Ihr Xia Dantian auf, das den Meistern des Chi Kung zufolge eines der drei wichtigsten Energiezentren des Chi-Körpers ist.

Setzen Sie Ihre Füße parallel zueinander auf den Waldboden, sodass sie einander fast berühren. Legen Sie Ihre Hände vor dem Bauch locker übereinander, sodass beide Handflächen nach unten zeigen. (Nach traditioneller chinesischer Lehre legen Frauen die linke Hand auf die rechte und Männer die rechte auf die linke.) (Abb. 1-2)

Führen Sie Ihre Hände mit einer kreisförmigen Bewegung der Arme zuerst nach unten und dann nach außen. Drehen Sie dabei die Handflächen nach außen und vollziehen Sie zugleich einen Schritt nach links, wobei Sie auch Ihren Kopf langsam in diese Richtung drehen und nach links auf einen entfernten Punkt blicken. (Abb. 3-5)

Sobald sich Ihre Arme parallel zum Boden befinden, beginnen Sie, die Handflächen allmählich nach oben zu rotieren und führen Sie die ausladende, runde Armbewegung zu Ende, bis Ihre Hände über Ihrem Kopf zusammentreffen. Bis zu dieser Position soll auch Ihr zweites Bein nachgezogen worden sein. Ihre Füße stehen jetzt wieder nebeneinander. (Abb. 6-7)

Strecken Sie Ihre Beine langsam durch, während Sie Ihre Hände geschmeidig nach unten führen. Auf Höhe Ihres Gesichts legen Sie wieder die eine Hand auf die andere – beide Handflächen zeigen nach unten. (Abb. 8)

Bewegen Sie Ihre Hände vor dem Körper in Richtung des Erdbodens, als würden Sie ein Energiefeld nach unten schieben. Laut der Lehre des Chi Kung handelt es sich um das Chi des Waldes, das Sie zuerst eingesammelt haben und jetzt in Ihr Xia Dantian aufnehmen, das ist das wichtige Energiezentrum unter dem Bauchnabel. Stellen Sie sich vor, wie Sie mit Ihren Handflächen das Chi des Waldes dort hinein schieben und in sich aufnehmen. (Abb. 9-10)

Führen Sie die Übung jetzt spiegelverkehrt in die andere Richtung durch. Dabei sammeln Sie das Chi aus der Natur ein und komprimieren es in Ihrem Xia Dantian. Wiederholen Sie die Übung mehrmals in beide Richtungen. (Abb. 11-17)

Alle Bewegungen gehen fließend ineinander über. Es gibt keinen Moment, in dem Sie innehalten. Das entspannte und tiefe Einatmen erfolgt bei dieser Übung immer während der öffnenden Bewegung.

# Den Himmel auf den Schultern tragen

Übung aus dem Daoyin
Yangsheng Gong nach
Prof. Zhang Guangde,
Sporthochschule Peking

Nach der Lehre des Chi Kung dient diese Übung dazu, das Chi der Natur einzusammeln und in den Energiekörper zu überführen. Gleichzeitig werden Ihre Gelenke durch die rotierenden Bewegungen vitalisiert und besser durchflutet. Dies hat nach traditioneller Sichtweise zur Folge, dass das Chi der Natur nach seiner Aufnahme in Ihrem Energiekörper besser zirkulieren kann, da in den Gelenken wichtige Punkte des Energieflusses zu finden sind.

Sich bildlich vor Augen zu führen, wie wir im Wald die Substanzen der Bäume atmen und in einen biochemischen Austausch mit all seinen lebendigen Organismen treten, fördert unser Empfinden, ein Teil dieses Ökosystems zu sein.

Stellen Sie Ihre Füße parallel nebeneinander, sodass sie einander berühren. Bleiben Sie während der gesamten Übung aufrecht wie ein Baumstamm stehen. (Abb. 1)

Drehen Sie Ihren Oberkörper aus der Hüfte heraus zur Seite, während Sie Ihre Arme in einer runden, öffnenden Bewegung nach außen führen. Dabei schauen auch die Handflächen nach außen. Zugleich beginnen Sie mit dem entspannten Einatmen. (Abb. 2-3)

Bis sich Ihre Arme parallel zum Boden befinden, haben Sie Ihre Handflächen so rotiert, dass sie jetzt nach oben zeigen. Ihre Knie zeigen nach wie vor nach vorne, die Achse Ihres Oberkörpers (Schulter zu Schulter) steht aber jetzt quer zur Achse Ihres Gesäßes. (Abb. 4)

*Aufwärmen* | 85

Winkeln Sie Ihre Arme leicht ab und richten Sie die Handflächen ganz flach nach oben aus, als würden Sie »den Himmel tragen«. Dadurch öffnen Sie Ihre Laogong-Punkte. Das sind laut Lehre des Chi Kung wichtige Eintrittspforten für das Chi der Natur mitten auf Ihren Handflächen. Verharren Sie in dieser Armhaltung, während Sie Ihren Oberkörper als Ganzes wieder nach vorne rotieren. Führen Sie das eingesammelte Chi des Himmels auf diese Weise vor Ihren Körper. Beenden Sie das Einatmen erst, wenn Sie wieder nach vorne schauen. (Abb. 5-6)

Links und rechts neben Ihrem Kopf richten Sie Ihre Arme parallel zueinander aus – die Handflächen zeigen nach vorne. Atmen Sie aus. Klappen Sie Ihre Arme aus dem Ellenbogen heraus vor dem Körper nach unten, als würden Sie das Chi in einer eleganten Bewegung mit Ihren Handflächen bis zum Xia Dantian in Ihrem Unterbauch schieben. Dort legen Sie die Handflächen dann an den Körper und »streichen« das Chi mit einer nach unten und außen gerichteten Bewegung an Ihren Körper ab. Erst jetzt beenden Sie das Ausatmen. (Abb. 7-10)

 **Tipp**

Wiederholen Sie die Übung in die andere Richtung und beginnen Sie mehrmals von vorne. Traditionellerweise beginnen Sie immer mit der linken Seite.

# Mobilisieren

Bereiten Sie Ihre
Gelenke auf das
Biophilia-Training vor.

Das Mobilisieren der Gelenke ist essenziell für das Training. Durch das behutsame Durchgehen aller Bewegungen und Funktionen der Gelenke, die später beansprucht werden sollen, bereiten Sie diese auf die Belastung vor. Sie leisten also verletzungsvorbeugende Arbeit, ebenso wie beim Aufwärmen und Dehnen.

## Es gibt einige einfache Regeln für die Mobilisierung:

- Sie sollten bereits aufgewärmt und mit entspannter Körperhaltung starten.

- Die Bewegungen entsprechen jeweils der Funktionen der Gelenke und deren Kombinationen.

- Achten Sie darauf, alle Bewegungsrichtungen des jeweiligen Gelenks langsam, kontrolliert und ohne Druck durchzugehen. Bleiben Sie dabei locker, es soll eine schmerzfreie Übung sein.

- Beim drehen der Gelenke rotieren oder kreisen Sie immer zuerst nach innen, also in Richtung des Körpers und dann nach außen, also vom Körper weg. Das Kreisen nach innen ist die natürliche Bewegung des Körpers zusammenzusacken. Beim Mobilisieren wollen Sie jedoch dagegen arbeiten, also kreisen Sie danach nach außen, um jede Übung aufgerichtet zu beenden. Probieren Sie es zum Beispiel mit dem Handgelenk aus, Sie werden den Unterschied bemerken.

- Generell gilt: Sie können jede Bewegung etwa 4 bis 8 Mal wiederholen. Wichtig ist, dass Sie dabei locker und kontrolliert bleiben, vergessen Sie nicht zu atmen und lassen Sie sich genügend Zeit für jede Übung.

## ❉ Eine Anleitung zur Ausgangposition

Nehmen Sie eine aufrechte Position ein, denken Sie Ihren Kopf als Verlängerung des Rückens, wir nennen das auch den »Himmelsfaden«. Lassen Sie die Schultern gesenkt, das Brustbein aufgerichtet und achten Sie auf einen geraden Rücken ohne Hohlkreuz, damit Ihre Wirbelsäule entlastet ist. Der Oberkörper kann minimal in Vorlage sein, das Becken in einer neutralen Position. Den Bauch ziehen Sie leicht an. Wenn Sie all das beachten, erreichen Sie einen festen Stand, ohne an irgendeiner Stelle Ihres Körpers verspannt zu sein. Wir nennen das auch die »anatomische Stellung«. Ihre Arme sind dabei ganz leicht nach außen gerichtet, Sie kennen das vielleicht aus dem Biologiebuch. Sie haben einen stabilen Stand erreicht, wenn ein Windstoß Sie nicht aus dem Gleichgewicht bringen kann.

## ❉ Halswirbelsäule lockern

Neigen Sie den Kopf zuerst nach vorne in Richtung Brust, dann nach hinten. Danach drehen Sie den Kopf von Schulter zu Schulter, nach links und rechts. Genießen Sie dabei die Aussicht auf Bäume und Wiesen. Zum Schluss neigen Sie den Kopf seitlich nach links und rechts, indem Sie das Ohr Richtung Schulter bewegen. Sie können auch Kombinationen ausprobieren. Eine Kombination aus Halswirbelsäulenfunktionen wäre etwa den Kopf zur Seite zu drehen und dabei zu nicken.

### ❉ Arme drehen aus dem Schultergelenk

Hier geht es um die Innen- und Außenrotationsfunktion des Schultergelenks. Bringen Sie die Arme in die Waagerechte, drehen Sie dann einen Arm nach außen und einen nach innen. Der Kopf sieht dabei in Richtung des auswärts gedrehten Armes. Verharren Sie in dieser Position, atmen Sie ein paar Mal ein und aus und wechseln Sie dann die Arme. Der Oberkörper sollte dabei ruhig bleiben, der Bauch leicht angezogen sein, aktiv, aber trotzdem entspannt.

## ❦ Schultern kreisen

Zuerst heben Sie die Schultern hoch und machen große Kreise nach vorne beziehungsweise nach »innen«, als würden Sie sich kleiner machen. Danach ziehen Sie große Kreise nach hinten, also »außen«. So wirken Sie dem natürlichen Hang zur schlaffen Haltung entgegen. Drücken Sie das Brustbein nach oben und gelangen Sie nun in eine aufgerichtete, stolze Haltung. Drücken Sie die Schulterblätter dabei hinten richtig zusammen, so fest Sie können.

## 🌿 Ellenbogen kreisen

Bleiben Sie mit den Oberarmen in der Waagerechten und fixieren Sie diese. Dann kreisen Sie locker aus dem Ellenbogengelenk die Unterarme, wiederum erst nach innen und dann nach außen.

### ❋ Handgelenke lockern

Falten Sie die Hände und drehen mit der einen Hand jeweils die andere Hand locker ums Handgelenk in alle Richtungen.

Nehmen Sie die Hände dann auseinander und kreisen Sie mit den Handgelenken nach innen und dann nach außen.

Bereits ein einziger Tag oder ein ausgedehnter Spaziergang durch den Wald erhöht die Anzahl unserer natürlichen Killerzellen im Blut um durchschnittlich 40 Prozent im Vergleich zum Stadtleben.

## 🌿 Die Brustwirbelsäule mobilisieren

### Beugen und Strecken

Ihre Ausgangsposition ist ein hüft- bis schulterbreiter Stand, beugen Sie die Beine leicht ab und stützen Sie sich mit den Handflächen auf den Knien ab, wobei die Daumen nach innen zeigen. Das Becken befindet sich in neutraler Position und der Bauch sollte leicht angezogen sein. Wichtig ist, dass Sie den Kopf als Verlängerung des Rückens denken. Das heißt, Sie machen den Hals hinten lang, ohne den Kopf zu sehr Richtung Brust zu drücken. Aus dieser Position heraus machen Sie die Wirbelsäule rund und atmen dabei ein. Beim Ausatmen strecken Sie die Wirbelsäule wieder. Drücken Sie dabei das Brustbein nach oben und achten Sie darauf, den Kopf weiterhin als Verlängerung zum Rücken zu denken. Wiederholen Sie den Vorgang vier bis acht Mal.

### Rotation der Brustwirbelsäule

Ihre Ausgangsposition bleibt die selbe. Eine Hand bleibt auf dem Knie abgestützt, den anderen Arm strecken Sie etwa in Brustbeinhöhe nach vorne aus und drehen dann die Wirbelsäule mit gestrecktem Arm nach oben, so weit Sie kommen. Ihr Kopf sollte dabei dem Arm folgen. Verharren Sie in dieser Position, atmen Sie und achten Sie darauf, die Bauchspannung beizubehalten. Der untere Rücken sollte sich bei der Rotation nicht mitdrehen und auch die Hüfte sollte in der selben neutralen Position bleiben und nicht mitgedreht werden. Die Knie bleiben ruhig nebeneinander. Versuchen Sie, dass die Rotation wirklich nur in der Brustwirbelsäule stattfindet.

## ❦ Hüfte mobilisieren

### Kreisen

Zur Mobilisierung der Hüfte haben sie mehrere Möglichkeiten. Fangen Sie mit dieser schonenden Bewegung an. Dafür stützen Sie die Hände an den Hüften ab und ziehen Kreise mit den Hüften, im und gegen den Uhrzeigersinn. (Abb. 1-3)

### Kreisen aus dem Einbeinstand

Das Standbein kann leicht angewinkelt sein, gestreckt ist die Übung etwas anspruchsvoller. Heben Sie das andere Bein, bis sich der Oberschenkel parallel zum Boden befindet, dann drehen Sie, indem Sie das Bein über die Seite führen, das Bein nach Hinten und nach Vorne. Die Reihenfolge ist diesmal ausnahmsweise egal. (Abb. 4)

### Nach außen

In diese Position gelangen Sie, wenn Sie das Bein nach außen geführt haben.
(Abb. 5–7)

### Nach innen

Führen Sie das Bein nach innen und unterstützen Sie die langsame Bewegung mit guter Bauchspannung. (Abb. 8–9)

### Tipp

Diese Mobilisierungsübung ist etwas für Fortgeschrittene, sie fordert verstärkt die Rumpfspannung und eine gute Gleichgewichtskontrolle.

## ❋ Knie- und Sprunggelenke

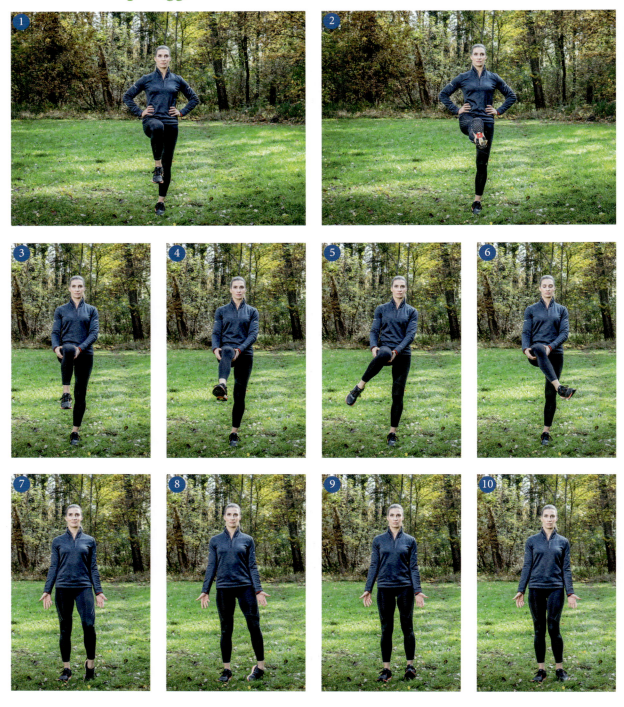

### Beugen und Strecken

Die Ausgangsposition ist wieder der Einbeinstand im leicht gebeugten oder gestreckten Zustand. Winkeln Sie das freie Bein an, wenn möglich so, dass der Oberschenkel wieder parallel zum Boden liegt, und strecken und beugen Sie dann das Bein. Auch dabei brauchen Sie eine gute Rumpfanspannung. (Abb. 1-2)

### Mit fixiertem Oberschenkel kreisen

Die Drehfunktion des Kniegelenks erreichen Sie, indem Sie das freie Bein mit den Händen halten und so fixieren. Dann rotieren Sie über das Kniegelenk, zuerst nach innen und dann nach außen. (Abb. 3-6)

### Sprunggelenk

Rollen Sie den Fuß über den Innenrand nach innen ab, gehen Sie an der Fußkante über die Zehenspitzen nach Außen. Halten Sie dabei stets den Bodenkontakt mit der jeweiligen Fußkante. Drehen Sie das Gelenk weiter, sodass Sie über die Ferse wieder nach Innen gelangen. Wiederholen Sie auch diese Übung ein paar Mal und gehen Sie dann in entgegengesetzter Richtung die Bewegung ebenfalls einige Male durch. (Abb. 7-10)

## Seien Sie kreativ

Bevor wir nach den Aufwärmübungen und der Mobilisierung unserer Gelenke nun mit dem Kraft- und Ausdauertraining beginnen, noch ein paar Worte zum Ablauf und zu unserer Trainingsphilosophie. Das Waldtraining ist ein Erlebnis. Unsere Übungen im Wald orientieren sich immer auch an der Umwelt, auf die wir stoßen. Die Reihenfolge der Übungen in diesem Buch ist also nur ein Vorschlag für Sie und dient zur Anregung. Je nachdem, ob Sie einem schönen Baum begegnen, an dem sich ein »Tree-Sit« machen lässt, oder ob Sie einen Ast entdecken, an den Sie gut herankommen, um ein paar Klimmzüge zu machen, gestaltet sich Ihr individuelles Trainings-Erlebnis.

Viel Spaß dabei!

# Bein und Gesäß

Der Wald bietet viele natürliche Trainingsgeräte für Kraftübungen

# Kniebeuge

Jeder kennt sie, die Kniebeuge, doch sie ist komplizierter, als Sie vielleicht denken. Da es sich um eine Basiskraftübung handelt, ist sie Teil nahezu jedes klassischen Trainings. Deshalb zur Fehlervermeidung und um Verletzungen vorzubeugen …

Allgemein gilt für das Krafttraining: Wenn Sie Muskelaufbau erzielen wollen, wählen Sie eine Variante, bei der Sie nach 8-12 Wiederholungen ausgepowert sind. Falls Sie Ihre Kraftausdauer verbessern möchten, wählen Sie eine Variante, bei der die Ausführung sich leichter anfühlt und Sie 15-20 Wiederholungen schaffen.

## … ein paar allgemeine Tipps zur Kniebeuge

🌿 Beim Beugen sollte die Bewegung im Knie stattfinden, nicht etwa im Oberkörper oder in den Sprunggelenken. Achten Sie darauf, kein Hohlkreuz und keinen Rundrücken entstehen zu lassen und nicht vornüber zu kippen.

🌿 Der wichtigste Tipp dabei ist es, als Hilfe eine gute kontinuierliche Bauchspannung während der ganzen Übung zu halten und das Brustbein nach oben zu drücken.

🌿 Denken Sie den Kopf stets als Verlängerung des Rückens, wir verwenden dafür gerne den Begriff »Himmelsfaden« aus dem Chi Kung. Der Hals wird dabei hinten ganz lang, ohne dass vorne ein Doppelkinn entsteht.

🌿 Eine Kniebeuge gilt dann als geschafft, wenn die Oberschenkel sich nahezu parallel zum Boden, im Idealfall parallel zum Boden, und im rechten Winkel zu den Unterschenkeln befinden. Davon kann es aber auch Abweichungen geben, denn es hängt natürlich von den jeweils individuellen Körperproportionen ab.

🌿 Behalten Sie während der ganzen Übung eine stolze Brust, einen angespannten Rücken und die Fersen am Boden. Während Sie das Gesäß nach hinten absenken und Knie beugen dürfen die Knie leicht nach außen, jedoch auf keinen Fall nach innen gedreht sein.

🌿 Die Knie sollten beim Beugen nie vor die Zehen gelangen. Sie sollten die Zehen von oben noch sehen können. Vor allem bei Knieproblemen sollten Sie nicht zu tief hinunter beugen. Beim Strecken arbeiten Sie mit einem Fersenabdruck vom Boden weg. So strecken Sie Beine und Hüfte, bis Sie wieder in den aufgerichteten Stand gelangen.

### Ausgangsposition

Wie die Abbildung auf der vorherigen Seite zeigt, sollten die Beine im aufrechten Stand hüftschmal bis schulterbreit stehen. Die Zehen dürfen leicht nach außen zeigen, wobei das Knie immer zwischen der zweiten und dritten Zehe, also in gerader Linie über dem Fuß liegt. Die Drehung nach außen muss von der Hüfte aus durch das ganze Bein führen. Mit der hier abgebildeten Ausgangsposition erschweren Sie die Kniebeuge. Strecken Sie die Arme dafür in Richtung der Baumkronen.

 Tipp

Auf dem Baumstamm ist diese Übung natürlich schwieriger, da Sie es mit einer unebenen Fläche zu tun haben. Wenn Ihnen diese Position zu instabil ist, suchen Sie sich für den Anfang lieber einen ebenerdigen Untergrund.

Die ganze Zeit über sollten Sie die Körperspannung halten und mit dem Körper nur so tief nach unten gehen, dass die Ferse nicht vom Boden abhebt. Im gebeugten Zustand halten Sie die Arme auf Schulterhöhe ausgestreckt nach vorne und dabei nach außen gedreht. Die Handflächen zeigen nach oben.

Wenn Sie die Arme während der Übung über den Kopf strecken, erschwert das die Übung zusätzlich. Sie brauchen hier noch mehr Körperspannung, um das Gleichgewicht zu halten. Achten Sie darauf, dass Ihre Schultern dabei aktiv bleiben und nicht mit nach oben wandern.

## Kniebeuge mit einem Ast

Nehmen Sie eines der im Wald herumliegenden natürlichen »Geräte« für eine Leistungsvariante

Die Regeln sind die selben wie bei der normalen Kniebeuge, nur heben Sie diesmal einen Ast in die Höhe, wobei Ihre Arme seitlich auf Höhe der Ohren fixiert sind. Suchen Sie sich für diese Übung einen Ast, der vom Gewicht und von der Beschaffenheit her Ihrem Können entspricht. Einen, der Ihnen sympathisch ist.

## Tipp

Für diese Übung sollten Sie bereits eine gute Mobilität der Schultern und der Brustwirbelsäule haben. Sie brauchen besonders viel Stabilität und Kraft. Da die Arme fixiert sind, wird es schwieriger, die Kniebeugen-Regeln zu beachten. Diese haben aber auf jeden Fall Priorität, üben Sie also zu Beginn mit der leichteren Variante.

## Sumo-Kniebeuge

Die Sumo-Variante bringt ebenfalls Abwechslung.

Hier können Sie sich etwas breiter als schulterbreit hinstellen. Drehen Sie die Beine aber wieder nur so weit nach außen, dass die Knie auf einer Höhe über den Zehen bleiben. Es gelten wieder die Grundprinzipien der Kniebeuge, wobei diese Übung verstärkt andere Anteile der Muskeln erreicht. Sie strafft die Adduktoren an der Innenseite Ihrer Oberschenkel und wirkt auch stärker an der Außenseite der Oberschenkel.

Die Arme können Sie so einsetzen, wie es für sie angenehm ist. Für eine Erschwerung der Übung können Sie auch mit Gewichten arbeiten. Suchen Sie dafür im Wald zum Beispiel nach zwei etwa gleich schweren Steinen, die Ihnen gefallen.

 **Tipp**

Finden Sie für die Kniebeugen eine Stelle mit schöner Aussicht. Immerhin befinden Sie sich im Wald und können all seine Vorzüge gegenüber einer langweiligen Fitnesscenterwand nutzen.

# Ausfallschritt

Fordert Kraft, Beweglichkeit und Dehnung in einer Übung

Der Ausfallschritt ist eine spezielle Übung zur Entwicklung der einbeinigen Kraft. Er ist eine Variation der Kniebeuge, sorgt für die Beweglichkeit in der Hüfte. Wenn Sie in einen breiteren Stand gehen und das hintere Bein gestreckt halten, dehnt diese Übung zusätzlich die Hüfte. Diese ist bei den meisten Menschen verkürzt, die jeden Tag, zum Beispiel im Büro, lange sitzen müssen.

Gehen Sie in einen großen Schritt als Ausgangsposition. Die Füße zeigen dabei in die gleiche Richtung. Von da aus senken Sie die Hüfte ab, bis das hintere Knie knapp über dem Boden ist. Das Knie des vorderen Standbeines sollte vertikal über dem Sprunggelenk bleiben und nicht vor den Fuß geschoben werden. Der Unterschenkel des vorderen Standbeines verharrt also in der selben Position. Ihr Oberkörper bleibt dabei aufgerichtet, bewegt sich wie in einem Aufzug senkrecht hinunter und hinauf. Winkeln Sie die Arme seitlich an oder strecken Sie sie für eine Erschwernis der Übung nach oben in Richtung der Baumkronen.

### ⋘ Tipp

Achten Sie wie immer darauf, die Ganzkörperspannung zu halten und die Brust hinauszudrücken. Suchen Sie sich für den Anfang eine ebene Fläche, diese erleichtert es Ihnen, das Gleichgewicht halten zu können.

Bein & Gesäß | 115

# Ausfallschritt zur Seite

Eine Kraftübung, bei der Sie gleichzeitig Ihre Adduktoren dehnen.

In der Ausgansposition steht der Oberkörper mittig und ist leicht nach vorne geneigt. Aus dem breiten Stand beugen Sie ein Bein und verlagern so Ihr Gewicht zur Seite. Das Knie bleibt bei der Beuge über dem Fuß, das andere Bein bleibt gestreckt. Ihr Oberkörper bleibt durch die ganze Übung nach vorne gerichtet und in leichter Vorlage. Die Zehen zeigen leicht nach außen und die Kniescheiben sind hochgezogen. Diese Übung erwirkt eine zusätzliche Dehnung der Oberschenkelinnenseite, also der Adduktoren.

## Ausfallschritt mit erhöhtem Bein

Probieren Sie diese Variante mithilfe eines natürlichen Trainingsgeräts.

Suchen Sie sich ein geeignetes Waldtrainingsgerät für diese fortgeschrittene Übung. Das hintere Bein wird auf der Erhöhung positioniert, so erschwert sich die Übung. Es gelten wieder die gleichen Prinzipien, wie beim herkömmlichen Ausfallschritt. Senken Sie die Hüfte durch das Beugen des Standbeines nach unten ab bis das hintere Bein fast den Boden berührt. Achten Sie auf die Bauchspannung. Bei dieser Übung dehnen Sie nebenbei die Oberschenkelvorderseite. Auch die seitliche Variante lässt sich durch eine Erhöhung erschweren.

## Tree-Sit

Bei dieser Übung trainieren Sie Ihre Beinmuskulatur im »Sitzen«.

Der Wald als unser natürlicher Lebensraum lässt sich nicht nur zu Fuß erleben. Mit etwas Training können Sie jeden Baum als Sitzgelegenheit nutzen. Werden Sie eins mit der Natur.

Gehen Sie zunächst in Ausgangsposition. Beugen Sie dann die Knie wie bei der Kniebeuge und senken Sie das Gesäß nach hinten unten ab, bis Sie mit dem gestreckten Rücken am Baum ankommen. Probieren Sie dies zuerst vorsichtig aus, um den richtigen Abstand zum Baum einzunehmen. Bei der Übung strecken Sie die Arme auf Schulterhöhe nach vorne, wobei die Handflächen nach oben zeigen. Diese Übung halten Sie statisch etwa 30 Sekunden lang. Sie werden sich langsam steigern, bis Sie es sich an dem Baum richtig gemütlich machen können.

### Tipp

Wenn Sie mehr als 60 Sekunden locker schaffen, dann ist die Übung zu leicht für Sie. Wenn Sie so entspannt wie auf dieser Abbildung sein können, erschweren Sie die Übung, indem Sie einen Stein in die Hand nehmen oder einen Ast stemmen.

# Skater

Der »Skater« ist eine Art der Kniebeuge auf einem Bein.

Der »Skater« ist eine beliebte Übung bei Läufern, da er die einbeinige Kraft entwickelt. Mit dieser Übung sorgen Sie für eine bessere Mobilität der Hüfte, auch deshalb eignet sie sich gut für Läufer. Die Ausgangsposition ist die der Sumo-Kniebeuge.

Aus der Ausgangsposition, also mit etwas weiter auseinander gestellten Beinen, schieben Sie die Hüfte zur Seite. Beugen Sie ein Knie während Sie das andere Bein ebenfalls abgewinkelt nach hinten ziehen. Dort halten Sie es statisch in der Luft. Das Standbein beugen Sie nur soweit, wie es Ihre Beinkraft zulässt und die Hüfte darf leicht zur Seite geschoben werden. So machen Sie das side-to-side immer abwechselnd. So wird die Übung dynamisch und erhält ihren Namen »Skater«.

**Durch das tiefe Atmen stoßen wir verbrauchte Luft und Schadstoffe aus der Stadt aus und nehmen sauerstoffreiche, mit sekundären Pflanzenstoffen angereicherte Luft auf.**

Bein & Gesäß | 121

# Oberkörper und Rumpf

Liegestütze, Klimmzüge
und Handstand mit
Hilfe des Waldes

# Schräges Rudern

Eine leichtere Variante zu klassischen Klimmzügen

Suchen Sie für diese Übung nach einem passenden Biophilia-Trainingsgerät oder heben Sie sich die Übung für später auf, es kommt Ihnen sicher früher oder später eines unter. Die Höhe des Astes sollte für Ihre Kraft und Beweglichkeit geeignet sein. Je tiefer Ihre Schräglage ist, desto schwieriger ist die Übung. Wenn Sie die Beine leicht abwinkeln, erleichtern Sie die Übung etwas. Sie trainieren damit vorwiegend Ihre gesamte Rückenmuskulatur.

Ergreifen Sie den Baumstamm mit festem Griff. Wichtig ist, dass Ihr Oberkörper gerade bleibt, Ihre Hüfte gestreckt ist und Sie Ihren Kopf in Verlängerung des Körpers denken. Beim Hochziehen sollte die Kraft aus dem Rücken und den Oberarmen kommen, Sie benötigen jedoch eine gute Spannung im gesamten Körper.

Wenn Sie die Übung erschweren wollen, versuchen Sie es auf einem Bein. Das fördert Ihr Gleichgewicht und benötigt noch mehr Körperspannung.

 **Tipp**

Testen Sie den Baumstamm und gehen Sie sicher, dass er Ihr Körpergewicht gut halten kann, bevor Sie mit der Übung beginnen.

Oberkörper & Rumpf | 127

# Klimmzüge

Ganzkörperübung mit Fokus auf Rumpf, Schultern, Rücken und Arme

Bei dieser Basisübung gibt es zwei verschiedene Griffarten, die Sie hier anwenden können. Den Kammgriff, bei dem die Handflächen zum Körper zeigen, und den sogenannten Ristgriff, bei dem die Handrücken zu Ihnen zeigen. Beim Ristgriff greifen Sie etwas breiter als Schulterbreit, beim Kammgriff greifen Sie etwas enger. Beginnen Sie zuerst mit dem Kammgriff, der leichter ist, weil Sie viel Kraft aus den Oberarmen beziehen können. Beim Ristgriff brauchen Sie mehr Rücken und Schulterkraft, das ist schwieriger. Finden Sie einen Ast in einer guten Höhe, der parallel zum Boden hängt. Testen Sie vor der Übung, ob der Ast auch stark genug ist, um Ihr Gewicht zu tragen. Wir pflegen einen respektvollen Umgang mit dem Wald. Eine Leistungsvariante wäre es, am Höchstpunkt der Übung die Knie in Richtung des Oberkörpers zu ziehen. Das trainiert die Bauchmuskulatur zusätzlich.

Greifen Sie zum Ast und hängen Sie sich mit gestreckten Armen daran, wobei Ihr Körper und Ihre Beine eine gerade Linie bilden. Aktivieren Sie dann die Schultern, indem Sie diese nach unten drücken und ziehen Sie sich bei hoher Ganzkörperspannung nach oben, bis Ihr Kinn über den Ast gelangt. Senken Sie dann den Körper langsam und kontrolliert wieder ab. Sollten Sie noch keinen Klimmzug schaffen, gibt es einen Trick für Anfänger: Springen Sie hoch, halten Sie sich kurz an der obersten Position und senken Sie den Körper dann langsam wieder ab.

**Beim Hochziehen ziehen Sie in Richtung der Brust, sodass Ihr Oberkörper aufgerichtet bleibt.**

## Unterarmstütze

Hier trainieren Sie den gesamten Rumpf mit hoher Ganzkörperspannung.

## Statisch

Die Ausgangsposition ist die Liegestützhaltung. Beugen Sie die Arme ab und stützen Sie das Körpergewicht auf den Unterarmen ab. Die Ellenbogen liegen dabei unter den Schultern und der ganze Körper bildet eine gerade Linie. Halten Sie eine gute Spannung und atmen nicht vergessen! Halten Sie die Übung zwischen 20 und 45 Sekunden statisch. Falls das noch zu schwierig ist, verkürzen Sie wie bei den Liegestützen Ihren körpereigenen Hebel und stützen Sie sich auf den Knien ab. (Abb. 1, 3)

## Dynamisch

Die Kommando-Variante: Strecken Sie während der Stütze jeweils einen Arm, verlagern Sie das Gewicht auf die Handfläche und strecken Sie dann den zweiten Arm. Beugen Sie dann wieder einen Arm ab, senken Sie Ihren Körper ab, bis Sie wieder auf dem Unterarm gestützt sind, dann beugen Sie auch den zweiten Arm wieder ab. Dann fangen Sie mit dem anderen Arm an. So erschweren Sie die Übung und sie wird dynamischer.

Falls Sie über 45 Sekunden locker halten können, suchen Sie sich eine Erhöhung für die Beine, um die Übung zu erschweren. Für eine dynamischere Übung oder wenn die Übung noch zu schwer ist, senken Sie die Hüfte bis zum Boden ab und heben sie dann wieder. (Abb. 1-5)

## Seitstütze

Diese Variante bringt intensiveres Training. Stützen Sie sich in Seitenlage auf dem Unterarm und der Fußkante ab. Spannen Sie eine gerade Linie mit Ihrem Körper. Leichter ist es, wenn Sie sich auf den Knien abstützen oder das obere Bein nach vorne bringen, sodass beide Fußkanten hintereinander auf dem Boden aufliegen. So haben Sie eine breitere Standfläche. Drücken Sie sich mit dem Ellenbogen immer vom Boden weg, sodass kein Druck auf dem Schultergelenk lastet. Wenn Sie die Übung erschweren wollen, machen Sie die Übung mit gestrecktem Arm. (Abb. 6-7)

# Bergsteiger

Der »Bergsteiger« ist eine Variante der Unterarmstütze.

Ihre Ausgangsposition ist die Liegestützposition. Mit den Händen stützen Sie sich entweder am Boden oder auf einer Erhöhung ab. Ganzkörperspannung ist gefragt und auch im Bauch und im Gesäß halten Sie die Spannung. Heben Sie ein Bein, beugen Sie es und führen es in Richtung der Körpermitte. Dann strecken Sie es wieder und setzen es ab. Das wiederholen Sie abwechselnd mit beiden Beinen. Als Variation der Übung können Sie zum Beispiel das linke Knie zum linken Ellenbogen ziehen, oder auch diagonal zum rechten Ellenbogen. Oder Sie heben das Bein seitlich ab, beugen es nach außen und ziehen das Knie von außen in Richtung des Ellenbogens. Diese Übung können sie dynamisch und schnell gestalten oder langsam und statisch.

Besonders viele Terpene befinden sich nach einem Regen und bei Nebel in der Waldluft. Begeben Sie sich also ruhig auch bei feuchtem Wetter in den Wald, um Sport zu betreiben. Ihr Immunsystem wird es Ihnen danken.

# Liegestütz

Eine essenzielle
Kraftübung, die sich
langsam steigern lässt

Finden Sie für die Liegestütze im Wald eine Fläche, die nicht zu weich, aber auch nicht zu hart für Sie ist. Stöcke und Steine auf dem Boden können hier störend sein. Für die Ausgangsposition gehen Sie in die Bauchlage, mit den Händen stützen Sie sich auf dem heilenden Waldboden ab, die Beine stützen Sie auf den Zehenspitzen ab. Ihr Oberkörper sollte dabei eine gerade Linie bilden. Die Hände positionieren Sie etwas breiter als schulterbreit auf Brusthöhe. Dann beugen Sie die Ellenbogen und senken den Körper bis knapp über den Boden ab. Die Nasenspitze sollte vor den Fingerspitzen liegen und die Ellenbogen nach außen zeigen. Achten Sie darauf, kein Hohlkreuz aber auch keinen Buckel zu machen, sondern in eine gerade Rückenposition zu bewahren.

Oberkörper & Rumpf | 135

Liegestütze lassen sich auf mehrere Arten variieren, vereinfachen und erschweren. Für den Anfang, bei gutem Wetter und trockenem Boden, können Sie zum Beispiel die Knie abwinkeln und sich auf diesen abstützen. So verkürzen Sie ihren körpereigenen »Hebel«. Trotzdem sollten Sie die gerade Linie vom Kopf bis zum Knie und den Bauch angezogen halten. Je näher sich Knie und Hände sind, desto leichter wird die Übung durch den verkürzten Hebel. Achten Sie dennoch darauf, nicht ins Hohlkreuz zu fallen. Eine andere Möglichkeit der Vereinfachung ist es, die Hände auf einer Erhöhung, hier etwa auf einem umgefallenen Baumstamm, abzustützen. Eine gute Bauch- und Ganzkörperspannung ist in jedem Fall Voraussetzung.

## Unebene Fläche

Falls Sie fortgeschritten sind und gesunde Gelenke haben oder erfahren im Klettern sind, können Sie sich auch auf einem Felsen versuchen, ansonsten empfehlen wir einen neutralen Boden. Unebene Flächen fördern Ihre Körperspannung besonders und beanspruchen Muskelpartien, die Sie im Fitnesscenter nicht benutzen würden.

## Erhöhte Beine

Der Liegestütz ist eine ergiebige Übung, weil er so viele Möglichkeiten zur Abwechslung und Veränderung des Schwierigkeitsgrades birgt. Wenn Sie etwa die Füße auf einer Erhöhung abstützen, erschweren Sie die Übung. Eine weitere Leistungsvariante ist es, den Liegestütz einarmig oder einbeinig auszuführen.

### Enge Liegestütz

Wenn Sie die Arme näher aneinander schieben, erschwert sich die Übung. Berühren sich die beiden Daumen, sprechen wir vom »Diamantenliegestütz«. Sie können auch während der Übung bei jeder Wiederholung die Arme wieder etwas weiter auseinander nehmen. Der »enge« Liegestütz, bei dem die Arme näher am Körper sind, wirkt besonders auf die Schultermuskulatur und den Trizeps, da er zu einer Winkelveränderung der Arme beim Beugen führt und so andere Muskelgruppen fordert.

**Liegestütze und Kraftübungen auf Felsen sind besonders effektiv, weil wir die leichten Unebenheiten des Felsens mit dem gesamten Körper ausgleichen und insgesamt mehr Körperspannung halten müssen.**

# Trizeps

Diese Übung wird auch
»Trizeps-Dip« genannt.

Nutzen Sie wieder eines der vielen Biophilia-Trainingsgeräte. Setzen Sie sich auf eine Erhöhung und stützen sich dabei auf den Armen ab, indem Sie diese durchstrecken. Halten Sie die Arme eng am Oberkörper und setzen Sie die Beine hüftschmal ab. Ihr Biophilia-Trainingsgerät sollte eine passende Höhe für Ihre Körpergröße haben.

Stützen Sie sich auf den Armen ab und gleiten Sie dann vorsichtig von Ihrem Sitz weg, bis Ihr Gesäß in der Luft hängt. Mit den Füßen wandern Sie ein Stück nach vorne, um den 90-Grad-Winkel der Beine zu halten und genug Platz zum Absenken des Körpers zu haben.

Dann senken Sie den Körper nach unten ab, wobei Sie die Ellenbogen beugen, bis die Arme einen 90-Grad-Winkel erreichen. Danach strecken Sie die Arme mit Druck aus den Handflächen wieder durch und drücken den Körper so nach oben.

### ‹‹‹ Tipp

Atmen Sie beim Hochdrücken aus und aktivieren Sie zusätzlich die Bauchmuskulatur.

Oberkörper & Rumpf | 139

Je tiefer Sie die Arme beugen und nach unten gehen, desto schwieriger ist die Übung. Je näher Sie mit dem Gesäß an Ihrer Erhöhung bleiben, desto leichter ist die Übung. Für die schwierigere Variante stellen Sie die Beine also weiter weg vom Trainingsgerät ab und beugen und strecken dann die Arme. Falls Sie sich noch weiter herausfordern wollen, wagen Sie die schwierigste Variante, bei der Sie mit gestreckten Beinen ein Bein hoch heben. Damit trainieren Sie verstärkt die Rumpfstabilität und das Gleichgewicht. Achtung: Die Hüfte sollte sich dabei nicht mitdrehen.

Oberkörper & Rumpf | 141

# Handstand mit Beinstütze

Biophilia-Training für
Fortgeschrittene

Der Handstand ist eine schwierige Übung, die Anfangs nicht gleich gelingt und eher etwas für erfahrene biophile Sportler mit guter Dehnung ist. Sie lässt sich jedoch nach und nach aufbauen. Finden Sie einen Baum oder eine Erhöhung, die Ihnen sympathisch ist. Stützen Sie sich mit den Handflächen schulterbreit auf dem Boden ab. Ihre Erhöhung liegt dabei hinter Ihnen. Dann stützen Sie sich mit den Fußspitzen an Ihrem Gerät ab und wandern mit den Händen in seine Richtung. Den Oberkörper strecken Sie und halten Sie gerade, den Bauch angespannt. Bringen Sie Ihren Körper so, wie rechts abgebildet, in einen 90-Grad-Winkel. Ihr Gesäß ist jetzt genau über Ihrem Kopf und bildet gemeinsam mit Ihrem Rumpf und Ihren Armen eine senkrechte Linie. Auch Ihre Beine sind gestreckt und Ihr Bauch sollte angespannt sein. Halten Sie diese Übung statisch (leichtere Variante) oder heben Sie ein Bein nach oben, halten es kurz, senken Sie es wieder ab und heben Sie dann das andere Bein. Steigern Sie sich so langsam, bis Sie frei im Handstand stehen können. Für eine starke Intensivierung der Übung beugen und strecken Sie die Arme aus dem Handstand.

Oberkörper & Rumpf | 143

### 🌱 Tipp

Achten Sie darauf, den Kopf nicht zu überstrecken und nicht ins Hohlkreuz zu fallen.

# Hängendes Knieheben

Intensives Training für
die Bauchmuskulatur

Hier haben wir das perfekte Biophilia-Trainingsgerät entdeckt. Die hier beschriebene Übung heben Sie sich am besten für den Moment auf, wo Ihnen so ein Gerät im Wald begegnet. Finden Sie einen starken Ast, idealerweise mit schöner und motivierender Aussicht. Der Ast sollte hoch genug hängen, sodass Sie sich mit gestreckten Armen und Beinen dranhängen können und nicht zu dick sein, damit er einen guten Halt für Ihre Hände bietet. Greifen Sie im Ristgriff zum Ast, das heißt, Ihre Handflächen zeigen weg vom Körper, mit gestreckten Armen und geradem Rücken hängen Sie sich an den Ast und aktivieren Ihre ganze Körperspannung, den Bauch und auch die Schultern. Das machen Sie, indem Sie diese von den Ohren wegdrücken.
Heben Sie nun die Beine in Richtung Körper, gebeugt, für eine leichtere, gestreckt, für die schwierigere Variante. Verharren Sie in dieser Position, atmen Sie dabei aus und senken Sie die Beine langsam und kontrolliert wieder ab. Sie können die Beine auch zur Seite, also in Richtung der Schultern ziehen. Achten Sie aber immer darauf, dass Ihr Rücken trotzdem gerade bleibt und vermeiden Sie schwungvolle Bewegungen.

Oberkörper & Rumpf | 145

# Ganzkörper

Kraft- und Ausdauer-
übungen, die den gesamten
Körper trainieren

# Burpee

Kniebeuge, Liegestütz und Streckprung in einer Übung

Der »Burpee« ist eine Kombinationsbewegung aus Kniebeuge, Liegestütz und Streckprung. Mit dieser Kraft-Ausdauer-Übung trainieren Sie den ganzen Körper und verbrennen viele Kalorien. Sie ist als langsame Aufwärmübung ebenso geeignet, wie als schnelle Schlussübung zum »Auspowern« und lässt sich in verschiedenen Schwierigkeitsstufen und Varianten ausführen. Die verschiedenen Möglichkeiten und Aufbaustufen zeigen wir auf den nächsten Seiten. Wir fangen mit einer langsamen, weniger anstrengenden Aufbauvariante an und gehen Schritt für Schritt weiter bis zum fertigen Burpee. Ihre Ausgangsposition ist der aufrechte, hüftschmale Stand.

## ❋ Schritt-für-Schritt

Gehen Sie in die Hocke und stützen Sie die Hände vor den Füßen schulterbreit ab. Dann stellen Sie die Füße hintereinander nach hinten hin auf den Zehenspitzen auf, je weiter nach hinten Sie steigen, desto schwieriger ist die Übung, bis hin zur Liegestützposition. Wichtig ist, dass Ihr Rücken gerade bleibt. Dann bringen Sie die Beine nacheinander wieder nach vorne und richten sich mit angewinkelten Beinen wieder auf. Das ist die leichtere Variante. (Abb. 1-6)

> Für die Qualitäten der Natur als Physiotherapeutin ist vor allem unsere körperliche Verbindung zum natürlichen Erdboden ausschlaggebend.

### ❈ Schnelle Liegestütze

Schwieriger wird es, wenn Sie aus der Hocke mit den Händen abgestützt einen Sprung nach hinten machen und in der Liegestützposition landen, dann sofort wieder nach vorne springen, als würden Sie ihren Körper schnell auf und wieder zu klappen. (Abb. 7-8)

## ❊ Klassischer Burpee

Den vollständigen Burpee erreichen Sie durch eine Kombination aus drei Bewegungen. Sie gehen wie zuvor in die Hocke und stützen die Hände am Boden ab. Dann springen Sie schnell in die Liegestützposition und wieder zurück in die Hocke. Von da aus strecken Sie sich nach oben und machen einen Strecksprung. Die Bewegung sollte explosiv, schnell und in einem Stück ausgeführt werden. Wiederholen Sie sie mehrmals. Zusätzlich erschwert wird die Übung durch einen Liegestütz zwischendurch, den Sie einlegen, bevor Sie aus der Liegestützposition wieder nach vorne in die Hocke springen. Zusammengefasst geht dieser schnelle Bewegungsablauf wie folgt: Hände auf den Boden – in Liegestützposition springen – Arme beugen und stecken – in die Hocke springen – Strecksprung nach oben – im aufrechten Stand landen.

(Abb. 1-6)

Ganzkörper | 153

# Standwaage

Eine beliebte Kraft- und Koordinationsübung für das Gesäß

Strecken Sie beide Arme zur Seite hin aus. Heben Sie ein Bein nach hinten vom Boden ab bis es in Hüfthöhe nach hinten gestreckt ist. Ihre Hüfte sollte gerade bleiben und sich nicht nach oben hin mitdrehen. Halten Sie Ihren Bauch die ganze Übung über leicht angespannt und kommen Sie dann langsam wieder in die Ausgangsposition. Beide Arme sollten dabei gestreckt bleiben. Ich habe hier eine elegantere Variante gewählt, bei der ein Arm tänzerisch nach vorne gestreckt wird. Eine gute Spannung im gesamten Körper hilft Ihnen, das Gleichgewicht zu halten. Falls Sie noch unsicher sind, suchen Sie sich zu Beginn eine ebenerdige Fläche für diese Übung aus. Der Baumstamm macht es natürlich etwas spannender.

Machen Sie kontrollierte und langsame Bewegungen und vermeiden Sie schwungvolle Bewegungen. Behalten Sie die Körperspannung während der ganzen Übung, auch auf dem Weg nach unten.

Eine zusätzliche Erschwernis und Kräftigung erreichen Sie durch das Beugen und Strecken des Knies aus der Standwaage. Achten Sie auch hier besonders auf eine gerade Hüftposition.

Ganzkörper | 155

## Einbeinstand

Eine Übung mit
Langzeitwirkung

Der Einbeinstand ist eine wichtige Übung, für die Sie sich am besten jeden Tag etwas Zeit nehmen. Damit können wir unser Gleichgewicht trainieren und so daran arbeiten, im Alter länger selbstständig und sicher gehen zu können. Jeder Schritt den wir gehen ist nämlich ein kurzer unbemerkter Einbeinstand, der uns im Alter zunehmend schwerer fällt. Die Ausgangsposition ist der aufrechte feste Stand. Aus dem Stand heben Sie ein Bein abgewinkelt ab und versuchen, das Gleichgewicht für etwa 30 Sekunden statisch zu halten. Die Arme gehen so mit, dass sie Ihnen zum Halten des Gleichgewichts dienen. Aktivieren Sie dabei Ihre Bauchmuskulatur und vergessen Sie nicht, zu atmen. Machen Sie den freien Einbeinstand ohne Hilfsmittel nur dann auf einer Erhöhung, wenn Sie sich schon sehr sicher damit fühlen.

Ganzkörper | 157

### Hilfe aus dem Wald

Falls Sie Anfangs Hilfe benötigen, finden Sie im Wald sicherlich genügend Material dazu. Verwenden Sie etwa einen langen Ast als Stütze oder machen Sie die Übung neben einem schönen Baum. Halten Sie den Ast mit dem rechten Arm, heben Sie auch das rechte Bein hoch und umgekehrt. Den anderen Arm führen Sie abgewinkelt mit dem Ellenbogen in Richtung Körpermitte. Versuchen Sie, den Oberkörper aufgerichtet zu halten und atmen Sie währenddessen aus.

*Der Parasympathikus wird auch dann aktiviert, wenn wir uns friedliche Naturszenen nur vorstellen. Das Biophilia-Training liefert das Bildmaterial dazu.*

### Mit Rotation

Sie können den Ast auch als zusätzliches Gewicht in beide Hände nehmen, das verlagert Ihren Schwerpunkt beim Halten des Gleichgewichts. Zusätzlich können Sie mit gehobenem Bein eine Rotation in die jeweilige Richtung einbauen. So erschwert sich die Übung und kräftigt zusätzlich die seitliche Bauchmuskulatur. Außerdem können Sie dabei Ihren Blick durch den Wald streifen lassen und die positiven Bilder einsammeln.

# Step-Ups

Eine Übung mit Potenzial zum »Auspowern«

### Vorwärts

Für diese Übung benötigen Sie eine natürliche Stufe, auf die Sie steigen können. Stellen Sie sich in einem Schritt Abstand zu Ihrem Biophilia-Trainingsgerät. Stellen Sie zuerst ein Bein abgewinkelt auf die stabile Erhöhung, die Sie zuvor ausreichend getestet und kennengelernt haben. Drücken Sie sich mit dem ganzen Fuß ab und steigen Sie mit aufrechtem Oberkörper nach oben. Das zweite Bein führen Sie dabei abgewinkelt nach vorne und heben es in Richtung der Körpermitte. Währenddessen ziehen Sie den gegenüberliegenden Ellenbogen ebenfalls in Richtung der Körpermitte. Atmen Sie aus, spannen Sie die Bauchmuskeln an und senken Sie dann den Körper wieder ab und steigen von der Erhöhung hinunter. Sie können entweder bei jeder Wiederholung das Bein wechseln oder mehrere Wiederholungen mit dem gleichen Bein machen. Je sicherer Sie werden, desto schneller lassen sich die Schritte setzen und die Übung wird intensiviert. (Abb. 1-6)

### Seitlich

Sie können die Step-Ups auch seitlich ausführen. Das ist koordinativ anspruchsvoller und trainiert andere Muskelanteile. (Abb. 7-9)

# Sprünge

Eine Übung, die Spaß macht und »auspowert«

Mit Sprüngen trainieren Sie Ihre Schnellkraft, Ausdauer und Kondition. Die Ausgangsposition ist ein schulterbreiter Stand mit zwei Fußlängen oder einem Schritt Abstand zu einer Erhöhung oder Hürde. Suchen Sie sich für den Anfang eine tiefere Hürde aus und erkunden Sie Ihren Landeplatz, bevor Sie mit den Sprüngen beginnen, um nicht auf einem verdeckten Stein oder unebenen Boden aufzukommen. Entweder Sie springen über die Hürde, oder Sie springen auf die Erhöhung und kommen dort zum Stehen. Nehmen Sie mit den Armen Schwung und bringen Sie diese nach vorne, um beim Aufkommen nicht nach hinten zu kippen und das Gewicht gut verlagern zu können. Beim Sprung beugen Sie das Becken schnell nach unten, beugen die Knie und springen in einer explosiven Bewegung über die Hürde. Nach dem Sprung richten Sie sich auf, strecken die Hüfte. Einen Schritt zurück zu gehen erleichtert das »Ankommen«. Eine Leistungsvariante ist, auf die Erhöhung zu springen und gleich wieder runterzuspringen.

Weil unser Organismus und unser Stoffwechsel durch die Bewegung angeregt sind, können wir die Substanzen des Waldes besser in die Blutbahn überführen und im Körper verteilen.

### Seitensprünge

Beim Sprung zur Seite heben Sie ebenfalls beide Knie gleichzeitig und springen seitlich über eine Hürde, wobei dies deutlich anspruchsvoller ist. Sie können sich entweder Zeit zwischen den Sprüngen lassen oder schnell weiterspringen, um sich selbst herauszufordern.

# Schulterbrücke

Für eine hohe
Rumpfstabilität und
Hüftmobilität

Hierbei handelt es sich um eine Stabilisationsübung, die hohe Rumpfstabilität und Hüftmobilität fördert. Suchen Sie sich ein Biophilia-Trainingsgerät, dass Ihnen sympathisch ist und mit dem Sie gerne in Kontakt kommen möchten. Stützen Sie sich mit den Schultern an der Erhöhung ab und spannen Sie dabei die Bauchmuskeln an. Die Füße stehen hüftschmal nebeneinander. Dann strecken Sie die Hüfte und drücken den Oberkörper nach oben bis er gemeinsam mit dem Kopf und den Knien eine gerade Linie bildet. Im besten Fall erreichen Sie eine 90-Grad-Position in den Beinen, wenn die Höhe des Gerätes passend ist. Halten Sie die Arme dabei so, dass die Handflächen nach oben zeigen. Den Kopf denken Sie als Verlängerung des Rückens, Bauch und Gesäß bleiben angespannt. Können Sie diese Position bereits 45 Sekunden lang locker halten, erschweren Sie die Übung, indem Sie zum Beispiel ein Bein in Kniehöhe anheben und gestreckt halten. Halten Sie die Arme in Brustbeinhöhe nach oben, erhalten Sie eine mittlere Erschwernis. Wenn Sie die Arme nach hinten über den Kopf heben, ist die Übung am schwersten. Dynamisch wird die Übung, wenn Sie die Position nur fünf Sekunden lang halten und den Körper dann wieder absenken. Achten Sie besonders dann auf kontrollierte Bewegungen.

*Ganzkörper* | 165

##  Tipp

Vermeiden Sie es, ins Hohlkreuz zu fallen. Erschweren Sie die Übung durch das Heben der Arme also erst, wenn Sie stabil genug in der Grundposition verweilen können.

# Statische Ganzkörperübung

Bringt mehr Kraft
und Stabilität im
ganzen Körper

Eine weitere Stabilisationsübung bietet diese schwierigere Version der Unterarmstütze. Ihre Ausgangsposition ist die Liegestützposition oder die Unterarmstützenposition. Heben Sie dann entweder je einen Arm oder ein Bein ab, ohne den Oberkörper dabei zu verdrehen. Bauch, Gesäß und Becken bleiben stabil und in Spannung. Am schwierigsten ist die Übung, wenn Sie einen Arm und das gegenüberliegende Bein heben. Sie benötigen dann noch mehr Spannung, um das Gleichgewicht zu halten. Atmen Sie während der ganzen Übung gleichmäßig die Waldluft ein und aus und spüren Sie, wie die wertvollen Pflanzenstoffe durch den Kontakt mit den Waldboden in Ihren Körper übergeführt werden, um dort ihre positiven Effekte zu entfalten.

# Entspannen und Dehnen

Ein essenzielller
Bestandteil jedes
Biophilia-Trainings

## Dehnen ist so wichtig wie das Training selbst

🌿 Das Dehnen ist ein essenzieller Teil des Beweglichkeitstrainings. Es erhält und verbessert die Beweglichkeit oder stellt sie wieder her, wo sie abhanden gekommen ist. Unsere Methode wird auch Easy-Stretch-Methode genannt. Wir empfehlen für alle Dehnungsübungen einen Dehnreiz mittlerer Intensität, das heißt, Sie sollten die Dehnung deutlich spüren, aber nicht unangenehm werden lassen.

🌿 Sie können das Dehntraining direkt nach der Mobilisierung, als Vorbereitung zum Krafttraining, also als sogenanntes Vordehnen einplanen oder zum Schluss Ihrer Trainingseinheit als Entspannungstraining. Wenn Sie in Ihrer Trainingseinheit einen Schwerpunkt auf das Dehnen legen möchten, dann führen Sie die Übungen umso bewusster, langsamer und in mehreren Durchgängen aus.

🌿 Jede Dehnungsübung sollte, sobald Sie in die gedehnte Position gelangt sind, zwischen 20 und 90 Sekunden lang gehalten werden. Dabei atmen Sie ruhig und entspannt aus. Lösen Sie jede Dehnposition langsam und behutsam wieder auf. Ruckartige Bewegungen sind hier absolut kontraproduktiv, damit irritieren Sie Ihre Muskeln nur. Machen Sie immer behutsame, sanfte Bewegungen.

🌿 Die Übungen sollten nicht anstrengend oder ermüdend sein, sondern zur Entspannung beitragen. Achten Sie auf Ihr Wohlbefinden und hören Sie auf Ihren Körper. Er ist zu verschiedenen Tageszeiten unterschiedlich belastbar und auch von der Außentemperatur abhängig. Gerade beim Biophilia-Training ist es also wichtig, alle Faktoren zu berücksichtigen und sich gut aufzuwärmen. Falls Sie Probleme mit den Gelenken oder den Sehnen haben, sollten Sie sofort aufhören, sobald Sie Schmerzen spüren.

# Strecken und Toe-Touch

Entspannung und Ruhe
von den Baumkronen bis
zu den Wurzeln

Diese Übung kommt aus dem Yoga und dient in erster Linie der Entspannung. Sie können Sie nützen, um ganz in Ruhe und Einklang mit der Natur zu gelangen. Sie fördert ihre Konzentration auf den Körper und auf das Atmen. Die Übung senkt den Puls, falls Sie sich zuvor mit anderen Übungen ausgepowert haben, wieder auf ein normales Niveau. Sie sollen sich dabei ganz wohl fühlen. Achten Sie aber trotzdem auch hier auf einen geraden Rücken und einen leicht angezogenen Bauch.

Menschen mit Rückenproblemen sollten diese Übung auslassen, da beim Abrollen des Rückens Druck auf die Bandscheiben ausgeübt wird. Entscheiden Sie sich deshalb für die Variante auf der nächsten Seite. Menschen mit Blutdruckproblemen sollten diese Übung ebenfalls vorsichtig angehen, da sie beim Kopfabsenken und Wiederaufrichten Schwindel auslösen kann.

Strecken Sie beide Arme über den Kopf in Richtung der Baumkronen, Ihre Handflächen zeigen dabei zueinander. Der Kopf folgt den Händen, dabei atmen Sie tief ein und beim Ausatmen senken Sie die Arme wieder nach unten. Langsam und entspannt. Wiederholen Sie diese Übung nach Lust und Bedarf.

Aus der gestreckten Position rollen Sie den Oberkörper für den Toe-Touch nach unten ab und ziehen die Handflächen in Richtung der Zehenspitzen, soweit Sie kommen. Das dehnt die gesamte Rückseite Ihres Körpers und hilft bei der Entspannung.

### Strecken und Toe-Touch für Menschen mit Rückenproblemen

So können Sie die ganze Rückseite Ihres Körpers dehnen. Wir nennen sie auch die »rückwärtige Kette«. Diese Übung dehnt nicht nur einzelne Muskelgruppen, sondern dient Ihrem Körper umfassend. Die Rückseite des Körpers neigt stärker als andere Körperteile zu Verspannungen, deshalb sollten Sie diese Dehnungsübung auf keinen Fall auslassen.

Schon der Anblick eines Baumes fördert nachweislich unsere Selbstheilungskräfte und motiviert uns zu mehr Bewegung. Machen Sie sich die Heilkraft bei dieser Übung bewusst.

Aus der Ausgangsposition neigen Sie den Oberkörper langsam nach vorne, halten Sie dabei die Bauchspannung, die Wirbelsäule gerade und die Knie leicht angewinkelt. Ihre Arme können Sie an den Oberschenkeln abstützen oder auch den Oberkörper weiter nach unten senken bis Sie mit den Händen den Waldboden berühren. Zerren Sie nicht, sondern gehen Sie immer nur soweit, wie Sie schmerzfrei kommen. Wenn Sie eine gute Beweglichkeit haben, können Sie die Beine auch strecken und die Handflächen auf den Boden drücken. Die Bauchspannung ist aber auch hier besonders wichtig, damit die Bandscheiben geschützt werden. Halten Sie diese Position eine Weile, winkeln Sie die Knie dann langsam wieder ab und richten sich mit gestrecktem Rücken auf. Bei gesunden Bandscheiben können Sie den Rücken auch nach oben aufrollen. (Abb. 1-7)

## Rotation

Mit einer Rotation wirkt die ganze Übung noch entspannender auf die Muskeln ein. Je mehr Beweglichkeit Sie haben und je gesunder Ihr Rücken ist, desto mehr können Sie ihn in alle Richtungen Dehnen und Strecken.

## Waldgruß zur Entspannung

Strecken Sie auch Ihre Arme in alle Richtungen aus und rotieren Sie zum Beispiel aus der Schrittposition zur Seite, um viele positive Waldeindrücke zu sammeln und diese entspannt auf sich einwirken zu lassen.

# Dehnungsübungen

Schützen Sie Ihre Muskeln vor Verletzungen.

## Halswirbelsäule

Senken Sie den Kopf vorsichtig nach unten ab. Halten Sie beide Arme seitlich und strecken Sie Arme und Handgelenke durch. Dabei ziehen Sie sie nach unten, atmen Sie dabei aus und spüren Sie den Dehnreiz im Nacken. Bei Bedarf können Sie beim Ausatmen noch nachziehen. Den seitlichen Nacken dehnen Sie, indem das Kinn in Richtung Schlüsselbein drehen und den gegenüberliegenden Arm nach unten ziehen. Dies wiederholen Sie auf beiden Seiten mehrmals, je nach Bedarf. (Abb. 1-2)

## Brust

Heben Sie die Arme aus der Ausgangsposition seitlich in Schulterhöhe, ohne die Schultern zu verspannen, und führen Sie die Arme nach hinten zusammen. Stellen Sie sich etwa eine Nuss zwischen Ihren Schulterblättern vor, die Sie knacken möchten und ziehen Sie die Schulterblätter so weit zueinander, wie Sie können. Atmen Sie dabei aus. Sie sollten nun den Dehnreiz in der Brust spüren. Je nach Bedarf können Sie beim ausatmen nachdehnen, indem Sie noch weiter ziehen. (Abb. 3)

## Oberrücken

Heben Sie beide Arme gestreckt auf Schulterhöhe und rotieren sie nach innen, sodass die Handflächen zueinander schauen. Halten Sie den Oberkörper dabei aufgerichtet. Dann ziehen Sie die Arme nach vorne und atmen dabei aus, bis die Dehnung im oberen Rücken spürbar wird. (Abb. 4)

## Bizeps

Heben Sie einen Arm gestreckt und nach außen rotierend in Schulterhöhe nach vorne. Die Handfläche zeigt nach oben. Dann ergreifen Sie mit der anderen Hand von außen die Handfläche und drücken diese nach unten, bis Sie die Dehnung an der Oberarmvorderseite spüren. Lösen Sie die Dehnung behutsam und wechseln Sie dann die Arme. (Abb. 5-6)

## Trizeps

Winkeln Sie den Arm um 90 Grad an und führen ihn hinter den Kopf. Mit der Hand des anderen Arms greifen Sie an den Ellenbogen und ziehen den Arm nach unten bis Sie eine Dehnung an der Unterarmrückseite spüren. Atmen Sie dabei aus und ziehen Sie nach, falls notwendig. Wiederholen Sie die Übung seitenverkehrt. Achten Sie dabei wieder auf langsame und sanfte Bewegungen. (Abb. 7-8)

## Schulter

Aus Ihrer Ausgangsposition heben Sie den gestreckten Arm auf Schulterhöhe und führen ihn in Richtung Körpermitte. Mit dem anderen Arm greifen Sie von außen und unterstützen die Bewegung. Ziehen Sie behutsam weiter, bis Sie eine Dehnung in der Schulter spüren. Falls Sie Probleme mit den Schultergelenken haben, können Sie die Übung auch mit angewinkeltem Arm durchführen. Sie fassen dafür den Ellenbogen mit der anderen Hand von unten und ziehen dann in Brustrichtung. Nachdem Sie die Dehnung langsam losgelassen haben, wiederholen Sie den Vorhang mit der anderen Schulter. (Abb. 9-10)

## Brustwirbelsäule strecken

Hier strecken wir die Brustwirbelsäule, die von unserer täglichen Sitzhaltung stark beeinträchtigt sein kann. Suchen Sie sich dafür eine passende Erhöhung. Das kann etwa ein Ast oder ein freiliegender Felsen sein. Je beweglicher Sie sind, desto tiefer darf dieses Waldtrainingsgerät liegen. Die abgebildete Übung ist eine milde Variante mit einem recht hochgelegenen Hilfsmittel. Strecken Sie die Arme über den Kopf, Ihre Handflächen zeigen dabei zueinander. Atmen Sie. Neigen Sie sich dann soweit nach vorne, dass Ihre Arme auf der Erhöhung abgestützt sind. Atmen Sie dann aus und strecken Sie die Brustwirbelsäule. Das Becken soll dabei stabil bleiben und Ihre Körperhaltung und Ihr Bauch angespannt. Falls Sie dabei Schwierigkeiten haben, können Sie die Knie leicht anwinkeln, das vereinfacht die Übung. Halten Sie in jedem Fall die Bauchspannung. (Abb. 11)

## Seitlicher Rücken

Und so dehnen Sie den seitlichen Rücken: Aus der Ausgangsposition überkreuzen Sie die Beine. So wird der Körperschwerpunkt auf eine Seite verlagert. Führen Sie die Arme über dem Kopf zusammen und ziehen Sie mit dem einen Arm den anderen schräg nach oben. Es ist wichtig, dass Sie nicht nur zur Seite ziehen, da Sie sonst im unteren Rücken abknicken. Halten Sie wieder die Bauchspannung. Ziehen Sie die Arme in die Richtung in die Sie Ihre Beine überkreuzt haben. Wenn Sie also den rechten Fuß nach vorne links überkreuzen, ziehen Sie die Arme ebenfalls nach links oben und umgekehrt. (Abb. 12)

## Hüfte

Winkeln Sie ein Bein an und heben Sie es auf den anderen Oberschenkel, wo Sie es platzieren. Das Knie drücken Sie dabei möglichst nach unten, damit sich die Hüfte maximal öffnet. Dann setzen Sie sich nach hinten zurück und stützen sich dabei auf einer Erhöhung ab, um das Gleichgewicht halten zu können. Sie sollten die Dehnung nun in der Hüfte und auch im Gesäß spüren. Eine weitere Variante für die Hüftdehnung, kombiniert mit dem Oberkörper, hilft für einen stärkeren Zug in der Hüfte. Gehen Sie in Position des Ausfallschritts. Das vordere Bein bleibt angewinkelt, wobei das Knie über dem Fuß liegt. Dann senken Sie die Hüfte nach unten ab, bis Sie den mittleren Dehnreiz spüren. Wenn Sie das Gesäß anspannen, erhöht das den Dehnreiz. Für eine zusätzliche Dehnung ziehen Sie die Arme jeweils seitlich nach oben, in Richtung des gebeugten Beines. (Abb. 13-14)

### Oberschenkelrückseite

Bringen Sie das Bein auf eine Erhöhung und neigen Sie den Oberkörper dabei leicht nach vorne. Halten Sie den Rücken unbedingt gerade und den Bauch angespannt, damit Sie keinen Druck auf die Bandscheiben ausüben und das Becken nach vorne gerichtet bleibt. Sie dürften jetzt keinen Zug im unteren Rücken spüren. Wenn Sie können, greifen Sie mit dem gegenüberliegenden Arm zu den Zehenspitzen. (Abb. 1-2)

### Oberschenkelvorderseite

Aus der Ausgangsposition heben Sie das Bein nach vorne und beugen es. Greifen Sie dann oberhalb des Sprunggelenks das Bein und führen es nach hinten, sodass ein Knie neben das andere gelangt. Wichtig ist, dass das Knie immer unter der Hüfte bleibt und die Hüfte selbst gestreckt bleibt. Machen Sie kein Hohlkreuz und halten Sie den anderen Arm zur Seite oder stützen Sie ihn ab, je nachdem, wie gut Sie das Gleichgewicht halten können. Halten Sie diese Position, atmen Sie, führen Sie dann das Bein wieder nach vorne und senken es danach erst wieder ab. Nur durch behutsame und sanfte Bewegungen erzielen Sie bei dieser Übung die gewünschte Wirkung. (Abb. 3-4)

### Oberschenkelinnenseite (Adduktoren)

Gehen Sie in eine breitere Ausgangsposition der Beine. Schieben Sie die Hüfte zur Seite und neigen Sie dann den Oberkörper gestreckt nach vorne. Ihre Arme wirken als zusätzliches Gewicht nach unten. Halten Sie die Position, sobald Sie die Dehnung an der Oberschenkelinnenseite spüren. Lösen Sie die Position langsam und bringen Sie den Oberkörper wieder in die Ausgangsposition. Wechseln Sie dann die Seite. (Abb. 5-6)

*Entspannen & Dehnen* | 183

## Wade

Die Wadenmuskulatur ist bei den meisten Menschen stark verkürzt und neigt zu Verkrampfungen. Im Wald, wo der Boden uneben ist, wird sie besonders beansprucht und gleichsam »zum Leben erweckt«. Im Wald bieten sich nämlich auch viele Möglichkeiten zur Dehnung an. Deshalb geben wir hier mehrere Varianten an, die jeweils verschiedene Anteile der Wadenmuskulatur dehnen. Entscheiden Sie sich einfach für die Variante, die Ihnen und Ihrer Beweglichkeit am meisten zusagt. Achten Sie wie immer auf langsame und kontrollierte Bewegungen und auf Ihre Bauchspannung.

Suchen Sie sich einen Baum aus, der Ihnen sympathisch ist. Stützen Sie den Fußballen am Baum ab und verlagern Sie Ihren Körperschwerpunkt nach vorne. Der Körper bleibt dabei gestreckt. Nun sollten Sie die Dehnung in der Wade spüren. Wenn Sie ein weniger bewegliches Sprunggelenk haben, entscheiden Sie sich eher für eine sanftere Variante. Gehen Sie dafür in die Ausfallschrittposition, wobei Sie diesmal die hintere Ferse am Boden lassen. (Abb. 1-3)

Lehnen Sie den Fuß an einer kleinen Erhöhung, etwa einem Stein oder einem abgetrennten Ast an, strecken Sie das vordere Bein dabei durch und bleiben Sie aufrecht. Stützen Sie beide Beine auf eine kleine Erhöhung und neigen Sie den ganzen Körper leicht nach oben. Wenn Sie besonders beweglich sind, können Sie einen Toe-Touch dazu wagen, der dehnt dann ziemlich intensiv. (Abb. 4-6)

Entspannen & Dehnen | 185

### Rückenseite strecken

Die gesamte Rückseite Ihres Körpers, die rückwärtige Kette, können Sie in einer Kombination aus Wadendehnung und Toe-Touch dehnen. Der Schwerpunkt liegt dabei dennoch auf der Wadendehnung. Überdehnen Sie Ihre Muskeln aber nicht, wenn Sie nicht gleich bis zu den Füßen greifen können, sondern steigern Sie

## ❋ Quellenverzeichnis

1 Jean-Jacques Rousseau, Die Bekenntnisse, S. 162, Deutscher Taschenbuchverlag, 2012

2 Tina Vindum, Tina Vindum´s Outdoor Fitness. Step out oft the Gym and into the BEST Shape of your Life, IX-X, Falcon Guides, Guilford, 2009

3 Auf meinem Youtube-Kanal »CGArvay« nehme ich Sie in einem Video mit dem Titel »Biophilia für Harte: Natur statt Fitness-Studio« gerne mit auf eine sportliche Reise durch die Wachau: youtu.be/f7Gv47uVyCM

4 Erich Fromm, Die Seele des Menschen. Ihre Fähigkeit zum Guten und zum Bösen, S. 42., Deutsche Verlagsanstalt, Stuttgart, 1979

5 www.outdoorfitness.com/tina-vindum

6 Eric Lax, Woody Allen. A Biopgraphy, S. 39-40, Vintage Books, New York, 1992

7 Gordon Orians und Judith Heerwagen, Humans, Habitats and Aesthetics, in Stephen Kellert und Edward Wilson (Hrsg.), The Biophilia Hypothesis, S. 157-163, Island Press / Shearwater Verlag, Washington, 1993 und John Falk und J.D. Balling, Development of Visual Preference for Natural Environments in: Journal of Environment and Behaviour 14, S. 5-28, 1982 und John Falk und J.D. Balling, Evolutionary Influence on Human Landscape Preference, in: Journal of Environment and Behaviour, doi: 10.1177/0013916509341244, 2009

8 Anne Ellaway und Mitarbeiter, Graffiti, Greenery, and Obesity in Adults. Secondary Analysis of European Cross Sectional Survey, S. 611-612, BMJ, 2005

9 Ross Brownson und Mitarbeiter, Environmental and Policy Determinants of Physical Activity in the United States, in American Journal of Public Health 91(12), S. 1995-2013, 2001

10 Clemens G. Arvay, Der Biophilia-Effekt. Heilung aus dem Wald, S. 53-110, edition a, Wien, 2015

11 Rodney Matsuoka, High School Landscapes and Student Performance, Dissertation, S. 78-92, University of Michigan, Ann Arbor, 2008 (online: http://deepblue.lib.umich.edu/handle/2027.42/61641)

12 Qing Li und Mitarbeiter, Effect of Forest environments on Immune Function, in Qing Li (Hrsg.), Forest Medicine, S. 69-88, Nova Biomedical Verlag, New York, 2013

13 Vor allem für Isopren, Alpha-Pinen, Beta-Pinen, d-Limonen und 1,8-Cineol wurden anti-kanzerogene und immunsystem-stärkende Wirkungen nachgewiesen

14 Qing Li und Mitarbeiter, Effect of Phytoncides from Forest Environments on Immune Function, in Qing Li (Hrsg.), Forest Medicine, S. 159-170, Nova Biomedical Verlag, New York, 2013

15 Qing Li, Toshiaki Otsuka und Mitarbeiter, Effects of Forest Environments on Cardiovascular and Metabolic Parameters, S. 117-136, in Qing Li (Hrsg.), Forest Medicine, S. 159-170, Nova Biomedical Verlag, New York, 2013

16 Dehydroepiandrosteron, ein Steroidhormon, das die Vorstufe des männlichen und weiblichen Sexualhormons darstellt.

17 Maria Bodin und Terry Hartig, Does the Outdoor Environment matter for Psychological Restoration gained through Running?, in Psychology of Sport and Exercise, 4 (2003), S. 53-141

18 Richard Louv, Das Prinzip Natur. Grünes Leben im digitalen Zeitalter, S. 79, Beltz, Weinheim, 2012

19 Jo Barton und Jules Pretty, What is the best Dose of Nature and Green Exercise for improving Mental Health. A Multy-Study Analysis, in Journal of Environmental Science and Technology, 44, Nr 10, S. 3947-3955, 2010

20 Stephen Kaplan in: Rebecca Clay, Green is good for you, in Monitor on Psychology 32, Washington, Nr. 4, April 2001

21 Rachel Kaplan, Stephen Kaplan und Robert Ryan, With people in mind - Design and management of everyday nature, Island Press, Washington DC, 1998

22 Richard Louv, Das letzte Kind im Wald - Geben wir unseren Kindern die Natur zurück, S. 136-137, Herder Verlag, Breisgau, 2013

23 Andrea Faber Taylor, Frances Kuo und William Sullivan, Coping with ADD - The surprising connection to green play settings, in Journal of Environment and Behavior 33, Nr. 1, S. 54-77, 2001

24 Clemens G. Arvay, Der Biophilia-Effekt. Heilung aus dem Wald, S. 130-140, edition a, Wien, 2015

25 http://www.sciencedaily.com/releases/2010/05/100524143416.htm

26 Christopher Lowry, Identification of an Immune Responsive Mesolimbocortical Serotonergic System Potential Role in Regulation of Emotional Behaviour, in Journal of Neuro Science, 146 (2), S. 756-772, 2007

27 Patrik Grahn, Ute pa dagis, Stad und Land 145, Norra Skane Offset, Hassleholm, 1997 und Andrea Faber Taylor, Frances Kuo und William Sullivan, Coping with ADD - The surprising connection to green play settings, in: Environment and Behavior 33, Nr. 1, S. 54-77, 2001

28 Volker Tschuschke, Psychoonkologie. Psychologische Aspekte der Entstehung und Bewältigung von Krebs, S. 21-27 und 263-267, Schattauer, Stuttgart, 2011

29 Clemens G. Arvay, Der Biophilia-Effekt. Heilung aus dem Wald, S. 187, edition a, Wien, 2015

30 Angelehnt an das Autogene Training nach Dr. Johannes Schultz, gekürzte Wiedergabe aus Clemens G. Arvay, Der Biophilia-Effekt. Heilung aus dem Wald, S. 83-90, edition a, Wien, 2015

31 Barbara Hewson-Bower und Peter Drummond, Psychological treatment for recurrent symptoms of cold and flue in children, in: Journal of Psychosomatic Resarch (2001:51), Amsterdam, 2001

32 H.R. Hall u.a., Voluntary modulation of neutrophil adhesiveness using a cyberphysiologic strategy, in: International Journal of Neuroscience, (1992:63), Kansas City, 1992

33 David Orr, Love It or Lose It. The Coming Biophilia, in Stephen Kellert und Edward Wilson, The Biophilia-Hypothesis, S. 420, Island Press / Shearwater Books, Washington, DC, 1993

## Die Autoren

Foto: Lukas Beck

**Clemens G. Arvay** studierte Biologie und Angewandte Pflanzenwissenschaften in Wien und Graz. Er ist Mitglied im österreichischen Forum »Wissenschaft&Umwelt« und Autor mehrerer Bücher. In der edition a erschien 2015 sein Bestseller "Der Biophilia-Effekt".

**Mariya Beer** ist diplomierte Fitness-Trainerin und Mutter. Seit fünf Jahren arbeitet sie als Personal Trainerin im renommierten »beer's health and dance club« in Wien. Sie hat zahlreiche Fortbildungen in den Bereichen TRX, Spinning, Les Mills Body Pump und Functional Fitness absolviert, in denen sie auch unterrichtet. Sie schreibt regelmäßig Gastartikel über Fitness für Lifestyle Magazine.

## Der Fotograf

**Michael Baumgartner** ist Sportwissenschafter und näherte sich der Fotografie als Autodidakt. Die Verbindung seiner beiden Leidenschaften – Bewegung und Fotografie – findet sich in vielen seiner Arbeiten wieder. Seit einigen Jahren arbeitet er als selbständiger Fotograf in den Bereichen Sport, Architektur und People.